エンジニア入門シリーズ

IT知識ゼロからはじめる 情報ネットワーク管理・ サーバ構築入門

［著］

大妻女子大学
田中 清

NTT人間情報研究所
浦田 昌和

科学情報出版株式会社

まえがき

　本書をお手に取っていただき、また本書の購入あるいは購入検討をしていただき、誠にありがとうございます。

　本書は、これから IT 技術やネットワーク技術を勉強したいと考えている ICT 業界の新人の方、大学生の方をはじめ、情報ネットワークに関する基礎的な知識を身につけ、サーバの構築によって応用力、実践力を高めたいとお考えの方に読んで頂きたい書籍です。本書の内容は、パソコン（PC）やスマートフォンを利用する上で、日常生活にとっても欠かせないものとなってきているインターネットを代表とする情報ネットワークの概念と仕組みを理解することを目的としています。情報ネットワークの構成法や情報ネットワーク上でのサービスについて基礎的な技術を習得するとともに、情報ネットワークの構成要素であるサーバの構築方法及び管理方法について、手元の PC 上に Linux サーバを構築し、基本的なシステム設計、システム運用について学習します。また Linux サーバを用いて簡単なサービスソフトウェアを動作させることで、インターネット上で行われているサービスへの理解を深めることも目的としています。

　本書の内容は、大妻女子大学 社会情報学部の 2、3 年生向けに開講している「情報ネットワーク論及び実習 I」並びに「情報ネットワーク論及び実習 II」の講義内容を元にしています。また著者らの実務経験から情報ネットワークシステムの構築や情報ネットワーク管理を実践する上で最低限必要な項目を中心に構成しています。

　本書の読者には、情報ネットワークへの理解を深めて頂き、少しでも実務に生かせる知識を身につけて頂ければ幸いです。

大妻女子大学　田中 清

NTT 人間情報研究所　浦田 昌和

※商標・著作権等について

　本書内に記載されているシステム名、製品名は一般に各社、各団体の商標、または登録商標です。また、画面デザイン等の著作権は各社、各団体が保有します。なお、本書中では、TM 及び ®、© マークは明記しておりません。

目　　次

＜基礎編＞

1. 情報ネットワークとは？

2．情報ネットワークの構成

3. IPネットワークのサービス

＜サーバ構築編＞

4．サーバの種類と仮想環境

5．Linuxのインストール

6．サーバ環境の構築

7．システムの設定と管理

＜共通編＞

8．トラブルシューティング

＜基礎編＞

情報ネットワークとは？

1.1. 情報ネットワークの概要

1.1.1. 情報ネットワークとは

ネットワークは、いろいろな人やいろいろなものを結びつける「つながり」です。例えば、友人や知人とのつながりで構成される人的ネットワークや様々な関係のある人のつながりで出来上がった社会ネットワーク（ソーシャルネットワーク）もあります。またネットワークは「網（もう）」と表現されますが、道路網や鉄道網、電話網はそれぞれ道路、鉄道、電話がつながったネットワークです。

情報ネットワークは情報機器がつながったネットワークです。情報機器とは情報を扱うための機器のことを指し、コンピュータやコンピュータとつながる周辺機器、スマートフォンを含む電話機、ファックス、コピー機などの OA 機器、テレビやオーディオシステムなどの AV 機器も情報機器に分類されます

情報ネットワークは社会インフラです。インフラ（infrastructure）とは、電気、水道、ガス、道路、鉄道など、生活や経済活動を営む上で不可欠な社会基盤であり、公共の福祉のために整備・提供される設備の総称です。電話網やインターネットに代表される情報ネットワークは個人間の連絡だけでなく、政府や自治体、企業の活動を支える重要な役割があります。接続相手とつながるためには、高速であることはもちろん、高い信頼性が求められます。

1.1.2. 情報ネットワークの分類

情報ネットワークは、使われている場所によって以下のような分類ができます。

- ホームネットワーク：家庭内の情報機器が繋がったネットワーク
- 学内ネットワーク（キャンパスネットワーク）：大学等の学校内の情報機器が繋がったネットワーク
- 社内ネットワーク：会社内の情報機器が繋がったネットワーク
- 公衆ネットワーク：駅やカフェ等で不特定多数の人が利用する LAN に情報機器が繋がったネットワーク（一般的に、公衆無線 LAN と呼

ばれます）

またネットワークの大きさ（広さ）によって以下の分類もあります。

- LAN（Local Area Network）：小規模で同一敷地内の狭いエリアに構成されたネットワーク
- MAN（Metropolitan Area Network）：中規模で 100km 範囲内に敷設されたネットワーク
- WAN（Wide Area Network）：大規模で 100km 〜 1,000km の範囲に敷設されたネットワーク

　伝送されるデータの種類や用いられる媒体、サービスの違いで、アナログネットワーク／デジタルネットワーク、有線ネットワーク／無線ネットワーク、コンピュータネットワーク／電話網といった分類をすることもできます。また規格の違いから、イーサネット（Ethernet）や Wi-Fi と呼ばれるものもあります。イーサネットは有線の規格で、IEEE802.3 で規定されています（IEEE（Institute of Electrical and Electronics Engineers）は米国に本部を置く電気通信情報分野の学会で、標準化機関）。10BASE-T、100BASE-TX、1000BASE-T などがあります。Wi-Fi は無線の規格で、IEEE802.11 シリーズ（11a、11b、11g、11n、11ac、11ax 等）で定められており、Wi-Fi Alliance のブランド名にもなっています。

1．1．3．　情報ネットワークでできること

　情報ネットワークを用いると、どんなことができるのでしょうか。例えば、スマートフォンやパソコン（PC: Personal Computer）を使って友人とメールを交わしたり、SNS（Social Networking Service）でつながったりすることができます。また Web ブラウザを用いて Web サーバにアクセスして情報を検索したり、オンラインショッピングなどのサービスを受けることができたりします。このように情報ネットワークを用いると、人と人のコミュニケーションや人と機械のコミュニケーションが実現されます。またサーバ間の通信や IoT（Internet of Things）デバイスの通信など機械と機械のコミュニケーションも可能になっています。

1.1.4. 情報ネットワークの構成例

　情報ネットワークは情報機器がつながったネットワークです。情報機器どうしが直接つながることもありますが、さまざまなネットワーク機器を経由してつながることが一般的です。情報ネットワークの例を図1-1 に示します。この例では、家庭内でスマートフォンが Wi-Fi アクセスポイントにつながって、パソコン、プリンタ、テレビ、電話などとハブとなるブロードバンドルータでつながりホームネットワークが構成されています。またオフィスの社内ネットワークとインターネットを経由してつながります。さらにデータセンタにあるサーバ機器ともインターネットを経由してつながり、さまざまなサービスを受けることができます。

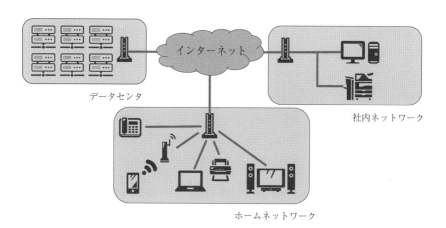

〔図 1-1〕情報ネットワークの構成例

1．2．　情報量の計算

1．2．1．　情報とは

　情報ネットワークは情報機器間での情報通信を可能にしますが、情報ネットワークで伝送する情報とはどのようなものでしょうか。情報は一般に「知らせるもの、知ったもの」のことで、「知った内容」はデータと呼ばれます。データは情報を表現したものでもあります。つまり図1-2に示すように、情報を表現するとデータになり、データを解釈すると情報が得られるという関係になっています[1]。

1．2．2．　情報量

　情報は定量的に表わすことができます。情報はある出来事（事象）が起きたことを知らせるものですが、その事象の起こりにくさを表現するのが、情報量です。数学的に表現すると事象の生起確率を使って情報量を計算できます。

　ある事象 E が起こる生起確率を $P(E)$ とするとき、E が起こったことを知らされた情報量 は次の式で表現できます。

$$I(E) = -\log_2 P(E) \quad \cdots\cdots\cdots\cdots\cdots\cdots\cdots\cdots\cdots\cdots \quad (1.1)$$

　例えば、トランプから1枚のカードを引くときに赤いカードを引いたという情報量は

$$-\log_2 \frac{1}{2} = 1$$

と求めることができます。情報量は珍しいことが起こるほど大きいとい

〔図1-2〕情報とデータの関係

う性質を持っています。トランプから1枚のカードを引くときにハートのカードを引いたという情報量は

$$-\log_2 \frac{1}{4} = 2$$

で表され、赤いカードを引いたという情報量よりも大きな値になります。

　ここで、情報量は情報の重要性について考慮されていないことに注意しましょう。情報は特定の人が特定の状況下でとても重要なことがあります（例えば、運動会が開かれる前日に「明日の天気予報では雨」という情報は運動会に関係する人にとっては重要な情報です）が、情報量は数学的に情報を扱うため情報の中身については考慮されません。

問題1-1
コインを2枚同時に投げるときに「表が2枚出た」という情報の情報量を求めよ。

1.2.3. 情報量の加法性

　事象 A と事象 B が独立な事象の場合、「A かつ B が起こる」という事象の情報量は A の情報量と B の情報量の和で表すことができます。この性質を情報量の加法性と呼びます。

$$\begin{aligned} I(A \cap B) = -\log_2 P(A \cap B) &= -\log_2 P(A)P(B) \\ = (-\log_2 P(A)) + (-\log_2 P(B)) &= I(A) + I(B) \end{aligned} \quad \cdots\cdots\cdots \text{(1.2)}$$

1.2.4. 平均情報量（エントロピー）

　N 個の事象 $a_1, a_2, a_3, \ldots, a_N$ がそれぞれ $p_1, p_2, p_3, \ldots, p_N$ の確率で生起する場合の情報量の平均値を平均情報量といい、H で表します。

$$\begin{aligned} H &= p_1(-\log_2 p_1) + p_2(-\log_2 p_2) + p_3(-\log_2 p_3) + \ldots + p_N(-\log_2 p_N) \\ &= -\sum_{i=1}^{N} p_i \log_2 p_i \end{aligned} \quad \cdots \text{(1.3)}$$

ここで、

$$\sum_{i=1}^{N} p_i = 1$$

平均情報量はエントロピーとも呼ばれ、予想のしにくさを表します。

1.2.5. 情報量の単位

情報量の単位には、ビット（bit）が用いられます。ビットは2進数の桁（binary digits）を略した言葉で、1ビットは2進数の1桁（0または1）で表現することができることを意味しています。例えば、トランプのカード1枚を引くときに赤いカードが出たという情報の情報量は、$-\log_2\frac{1}{2}=1$ビットで表現ができます。つまり赤か黒かという情報を伝えればよく、1ビット（0か1）を送るだけで情報が伝わります。

8ビット単位でバイト（Byte）という単位も用います。図1-3のように2進数8桁分がバイトに当たります。

ビットとバイトを単位として用いるときは、それぞれb、Bと表記されます。1B=8bです。例えば、通信速度で100Mbps（**Megabits per second**）いう表記やストレージの容量で1TB（**Tera Bytes**）という表記を見たことがあるのではないでしょうか。

ここで大きな数字を表すときには、k, M, G, T, P等が単位に付加して用いられます。

- k (kilo): 　　　1kb=1,000b
- M (Mega): 　　1Mb=1,000kb
- G (Giga): 　　1Gb=1,000Mb
- T (Tera): 　　1Tb=1,000Gb
- P (Peta): 　　1Pb=1,000Tb

〔図1-3〕ビットとバイト

というように順に1,000倍した値になります。これは一般的な国際単位系（SI）での表記ですが、コンピュータ製品等の表記では1,000に近い1,024（=2^{10}）を用いることがあります。日常的には混同されていますが、これらを区別するためにkの代わりにKもしくはKi、Mの代わりにMi、Gの代わりにGiを用いることがあります（IEC 60027-2、IEEE 1541-2002にて規定）。

- K, Ki (Kibi): 1KB=1KiB=1,024B
- Mi (Mebi): 1MiB=1,024 KB
- Gi (Gibi): 1GiB=1,024 MiB
- Ti (Tebi): 1TiB=1,024GiB
- Pi (Pebi): 1PiB=1,024TiB

問題 1-2

1GBのファイルを64kbpsの通信路を使って送りたい。どれぐらいの時間がかかるか求めよ。

1.2.6. 2進数と16進数

ここで2進数と16進数の計算について振り返っておきます。

2進数は0と1の2つの記号（数字）を使って数を表現する2進法で表記された数です。例えば、10進数の0,1,2,3,4,5は、0,1,10,11,100,101と表現されます。桁は右から1の位（2^0）、2の位（2^1）、4の位（2^2）と桁が上がるたびに2倍になります。2進数を10進数に変換する際には、桁の値を足し算すれば値が求まります。2進数の1100は、10進数では$2^3+2^2=12$と求めることができます。逆に10進数を2進数に変換するには、値を2で割った余りを順に小さい桁（右）から並べることで求められます。例えば、図1-4のようになります。

16進数は16個の記号を使って表記される数です。10進数で用いる10個の数字では表記に用いる記号が足りないので、アルファベットのA, B, C, D, E, Fも用いて表現します（アルファベットの小文字を用いる場合もあります）。例えば、10進数の10は16進数ではA、11はBと

表記されます。16 進数で表現されていると明示的に示すときは、先頭に 0x をつけ、桁数に合わせて 0 を付加して 0x0A のように表記します。10 進数と 2 進数の変換と同様、10 進数と 16 進数の変換も同じ方法でできます。例えば、16 進数の 134 は 10 進数では $1 \times 16^2 + 3 \times 16^1 + 4 \times 16^0 = 308$ となります。10 進数から 16 進数への変換は、16 での割り算の余りを使って図 1-5 のように計算できます。

2 進数と 16 進数は簡単に変換できます。図 1-6 に示すように、16 進数の 1 桁は 2 進数の 4 桁に対応しているので、2 進数を 16 進数に変換

```
2)   12
2)    6        余り 0
2)    3        余り 0
2)    1        余り 1
      0        余り 1
```

1100

余りが出た順に右から並べる

〔図 1-4〕10 進数から 2 進数への変換

```
16)   2503
16)    156      余り 7
16)      9      余り 12 = C
         0      余り 9
```

9C7

〔図 1-5〕10 進数から 16 進数への変換

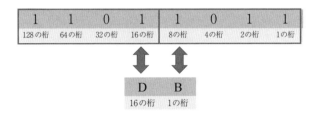

〔図 1-6〕2 進数と 16 進数の関係

するときは、2進数を4桁ごとに区切り4桁分を16進数で表記することで変換できます。

問題 1-3

次の2進数を16進数に変換せよ。

1111111111111111

1.2.7. 論理演算

2進数を使った演算では、算術演算（足し算、引き算、掛け算、割り算）に加えて、論理演算を行います。論理演算はビットごとに論理演算子を使って値を求める演算です。基本的な論理演算子として、論理和（∨）、論理積（∧）、否定（¬）があります。2つの数値 p と q を使って以下のように表されます。

論理和（OR）$p \lor q$（p または q）

$$0 \lor 0 = 0 \qquad 0 \lor 1 = 1 \qquad 1 \lor 0 = 1 \qquad 1 \lor 1 = 1$$

論理積（AND）$p \land q$（p かつ q）

$$0 \land 0 = 0 \qquad 0 \land 1 = 0 \qquad 1 \land 0 = 0 \qquad 1 \land 1 = 1$$

否定（NOT）$\neg p$（p でない）

$$\neg 0 = 1 \qquad \neg 1 = 0$$

問題 1-4

次の論理演算の結果を求めよ。

0001∨1010

なお、2進数以外、例えば16進数での論理演算は2進数で演算した結果を16進数で表現することで実行できます。

1.3. 情報通信の仕組み

1.3.1. 通信システム

Clade E. Shannon の「通信の数学的理論（A Mathematical Theory of Communication, 1948）[2]」は情報理論を学問分野として確立した古典的論文と言われています。この中で定義されている通信システムは図1-7に示す5つの部分で構成されます。

1) 情報源（information source）：伝送される一連のメッセージ（データ）を発生
2) 送信器（transmitter）：メッセージから伝送路上で転送する信号を生成
3) 通信路（channel）：送信器から受信器へ信号を伝送する媒体（メディア）
4) 受信器（receiver）：送信器の逆の操作を行い、信号からメッセージを再構築
5) 送信先（destination）：メッセージを受け取る人やもの

通信路は有線の金属や光ファイバなどのケーブルや無線の電波で構成されます。通信路上では、落雷や宇宙線などの自然現象や他の信号との混信、意図しない電磁波の発生等により、伝送している信号に雑音が乗り信号の乱れが発生することがあります。この擾乱を起こすものをノイズといい、図1-7では雑音源（noise source）として表現されます。

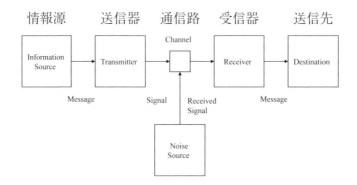

〔図1-7〕通信システム

1.3.2. 情報源符号化と通信路符号化

　情報源から送信先に情報を伝送するときに、図1-8に示す2種類の符号化が行われます。符号化は情報をデータに変換する際に行われる処理ですが、情報源において伝えるべきデータを生成する処理を情報源符号化といいます。例えば、音声や画像を標本化して量子化することによって離散値のデータを生成することができますが、これを符号化することでコンピュータで扱えるデータを生成することができます。次に、送信器においては、通信路の帯域や付加されるノイズなど通信路の性質に合わせて再度、符号化が行われます。この符号化が通信路符号化です。伝送効率を上げるための符号化やデータの信頼性を高める誤り検出や誤り訂正を含む符号化が行われます。伝送路にアナログ回線が用いられる場合は、符号化されたデータはアナログ信号に変換されて送信されます。

1.3.3. 回線交換とパケット交換

　情報ネットワークの代表例として、電話網を取り上げて構成について説明します。旧来の電話網では図1-9に示すように、電話局から引かれた加入者線と電話局内、電話局間の幹線とも呼ばれる中継網を使って相手の電話機とつながることによって通信が行われます。電話局内では交換機が線を選んでつなぐ役割を果たし、電話局間では中継交換機の多重化装置により、複数の回線を束ねることでたくさんのデータが送れる大群化効果により効率的な通信が行われます。

　一方、最近のIP電話で用いられるIP電話網は図1-10のように交換

〔図1-8〕情報源符号化と通信路符号化

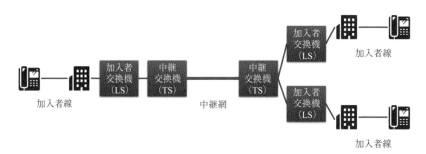

〔図 1-9〕アナログ電話網

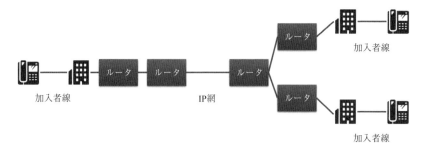

〔図 1-10〕IP 電話網

機の代わりに 2.3.2 節で説明するルータが設置されており、ルータ間をパ
ケットと呼ばれる小さなデータのかたまりが流れ、IP 網（2.1.3 節を参照）
を通して適切な相手機器に届けられることによって、通信が行われます。

　これらの通信の方式は交換方式と呼ばれますが、それぞれ、回線交換、
パケット交換という方式です。図 1-11 は回線交換とパケット交換の違
いを示した模式図です。回線交換では交換機が通信する電話機を結ぶ役
割をします。パケット交換では、パケットがルータで振り分けられ適切
な電話機に届けられます。回線交換では回線を占有するため、一度つな
がれば安定した通信ができるというメリットがあります。パケット交換
では 1 つの回線で複数のデータを送ることができ、障害に強く、速度が
異なる端末でも通信ができます。パケット交換ではデータに宛先などの
ヘッダ情報を付与する必要があるため、通信量としては回線交換の方が
小さくなります。

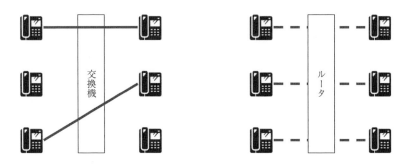

〔図 1-11〕回線交換とパケット交換

1.3.4. OSI 参照モデル

　OSI（Open System Interconnection）参照モデルは、情報通信の約束事（プロトコル）を 7 つの層に分けて考えることにしたモデルです。OSI 7 階層モデルとも呼ばれています。ISO（国際標準化機構）が 1977 年に策定し、1984 年に CCITT（国際電信電話諮問委員会、現在の ITU-T（International Telecommunication Union Telecommunication Standardization Sector ／国際電気通信連合電気通信標準化部門））で承認された国際標準です。各階層で規定された通信プロトコルを用いれば、下の階層の通信プロトコルに依存せずに通信が成立するという独立性があります。図 1-12 に OSI 参照モデルを示します。一般的によく使われている通信プロトコルは、この 7 階層に厳密に従っているわけではないとも言われていますが、ここでは階層（レイヤ）の概念を学んでおきます。

　第 7 層（アプリケーション層）：具体的なアプリケーション間の通信機能を実現。

　第 6 層（プレゼンテーション層）：データの表現形式（符号）を規定。

　第 5 層（セッション層）：通信の開始から終了までの手順を提供。データ送信制御や同期制御等。

　第 4 層（トランスポート層）：宛先の端末までの通信を管理。エラー訂正や再送制御等。

　第 3 層（ネットワーク層）：ネットワークをまたがったデータ転送を

7層	アプリケーション層	アプリケーション間のやり取り
6層	プレゼンテーション層	データ表現形式
5層	セッション層	接続の手順
4層	トランスポート層	データ通信の制御
3層	ネットワーク層	通信経路の選択、中継
2層	データリンク層	直接つながっている機器間の通信
1層	物理層	ケーブル仕様、電気信号、コネクタ

〔図 1-12〕OSI 参照モデル

7層	アプリケーション層		音声通話
6層	プレゼンテーション層		音声符号化 G.711
5層	セッション層		SIP
4層	トランスポート層		TCP、UDP
3層	ネットワーク層	MTP Level 3, SCCP	IP
2層	データリンク層	MTP Level 2	IEEE802.3
1層	物理層	MTP Level 1	100Base -TX
		電話	IP電話

〔図 1-13〕電話網の OSI 参照モデル

実現。経路選択や中継機能を提供。

第2層（データリンク層）：直接つながったシステム間での伝送制御を、フレーム単位で実施。順序制御や誤り検出、フロー制御等。

第1層（物理層）：伝送媒体とデータリンク層の間に位置し、信号通信を実現。電気信号やコネクタ形状なども定義。

例えば、電話と IP 電話の違いを OSI 参照モデルに当てはめると図1-13 のような違いがあります。

1.3.5. 通信路とトラヒック

通信路はデータが流れるネットワーク上のルート（経路）ですが、流れるデータのことをトラヒックと呼びます。通信路を設計するときにトラヒック量がどれくらいか（データがどれくらい流れるか）を調べる必要があります。例えば、アナログの電話網ならば必要とされる回線数、

デジタルのパケット網ならば回線速度を求めることでネットワークの設計ができますが、通信が行われる頻度や接続にかかる時間、通信時間などのパラメータを使って求めることになります。限られた通信設備を用いて、効率的にデータ通信する仕組みを数学的に解析するのが、トラヒック理論です。

1.3.6. 待ち行列理論

通信システムにおいて、誰かが回線を使っていると空くまで待たねばならないことがあります。これは先に実行されている処理が完了するまで、後から要求された処理に処理待ちが発生することにより起こります。発生した処理待ちは待ち行列に並ぶことになりますが、待ち行列理論を用いて、処理待ち時間や応答時間等を確率的に算出することができます。

まず、処理要求の到着について考えます。通信システムの処理をスーパーマーケットのレジでの行列に見立てて、説明します。前の処理、つまりトランザクションの到着から次のトランザクションの到着までの平均時間を平均到着時間といいます。これはレジで、次のお客さんが来るまでの時間の平均と考えます。トランザクションが発生する時間の分布は到着分布です。お客さんがレジにやってくるタイミングと考えればよいでしょう。平均到着率 λ は単位時間あたりに到着するトランザクション数です。単位時間あたりにやってくるお客さんの人数に当たります。平均到着率 λ は以下の式で表せます。

$$\lambda = \frac{1}{\text{平均到着時間}} \quad \cdots\cdots\cdots\cdots\cdots\cdots\cdots\cdots\cdots\cdots \quad (1.4)$$

待ちについて、待ち行列の長さと待ち時間を考えます。待ち行列の長さは待ち行列内のトランザクション数で表しますが、レジ待ちのお客さんの数に相当します。待ち時間はトランザクションが待ち行列内にいる時間で、レジ待ち時間です。

処理についてはシステムによりサービスが行われると考え、1トランザクションがサービスを受ける（処理される）平均時間を平均サービス時間として扱います。これは、レジ打ちにかかる時間と考えます。サー

ビス時間分布はサービス時間のばらつきですが、レジ打ちで考えるとその時々で変わるレジ打ち時間のばらつきに当たります。単位時間に処理される件数、つまりサービス可能なトランザクション数を平均サービス率 μ で表わします。

$$\mu = \frac{1}{\text{平均サービス時間}} \quad \cdots\cdots\cdots\cdots\cdots\cdots\cdots\cdots\cdots\cdots\cdots \quad (1.5)$$

ここで利用率 ρ について考えます。利用率は単位時間あたりにサービスされるトランザクションの割合です。レジの場合、単位時間にレジでレジ打ちされている時間の割合に当たりますが、空いている場合もあることを考えるとわかりやすいでしょう。利用率 ρ は以下の式で表されます。

$$\rho = \frac{\lambda}{\mu} = \frac{\text{平均到着率}}{\text{平均サービス率}} = \frac{\text{平均サービス時間}}{\text{平均到着時間}} \quad \cdots\cdots\cdots \quad (1.6)$$

例えば、レジの平均サービス時間が3分／人、平均到着時間5分のとき、利用率 $\rho = \frac{3}{5} = 0.6$ となります。

問題 1-5

1台のネットワークプリンタでネットワーク上の複数のパソコンから印刷する。プリンタへの印刷要求は1分に1回発生する。プリンタは1件あたり15秒で印刷を実行できるとする。プリンタの利用率を求めよ。

平均待ち時間は以下の式で表せます。

$$\frac{\rho}{1-\rho} \times \text{平均サービス時間} = \frac{\rho}{1-\rho} \times \frac{1}{\mu} \quad \cdots\cdots\cdots\cdots\cdots\cdots \quad (1.7)$$

平均応答時間は、平均待ち時間と平均サービス時間の和なので、

$$\frac{\rho}{1-\rho} \times \frac{1}{\mu} + \frac{1}{\mu} = (\frac{\rho}{1-\rho} + 1) \times \frac{1}{\mu} = \frac{1}{1-\rho} \times \frac{1}{\mu} \quad \cdots\cdots\cdots\cdots \quad (1.8)$$

で求まります。

ここで、到着分布とサービス時間分布、窓口の数を表現するケンドール記号について紹介します。例えば、M/M/S という表記ですが、これ

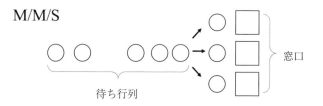

M/M/S

窓口

待ち行列

確率分布記号
M： 到着分布：ランダム到着（ポアソン分布）
サービス時間分布：指数分布
D： 一様分布
G： 一般分布

〔図 1-14〕ケンドール記号

はランダム到着（ポアソン分布）、指数分布、窓口数 S を表します。

　ポアソン分布とは、トランザクションの到着がランダムな分布のことで、前に到着した時刻に依存しない無記憶性の離散型確率分布です。指数分布は無記憶性の連続確率分布です。

　M/M/S モデルの利用率は

$$\rho = \frac{\lambda}{\mu S} \quad \cdots\cdots\cdots\cdots\cdots\cdots\cdots\cdots\cdots\cdots\cdots\cdots\cdots\cdots\cdots\cdots (1.9)$$

で表せます。窓口の数が S 倍になると利用率は $\frac{1}{S}$ になることを表しています。

問題 1-6

　2 つのレジに誘導される行列 A に 5 人並んでいて、1 つのレジに誘導される行列 B に 2 人並んでいるとする。どちらのレジに並ぶのがよいか？
どちらのレジも平均サービス時間を 1 分、平均到着時間を 2 分とする。

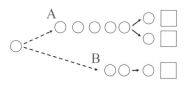

〔図 1-15〕レジ待ちの行列

問題の解答

問題 1-1

2枚とも表が出る確率は、$\frac{1}{2} \times \frac{1}{2} = \frac{1}{4}$ なので、情報量は $-\log_2 \frac{1}{4} = 2$

問題 1-2

1GB＝8,000,000kb だから

8,000,000kb/64kbps＝125,000s＝2083m20s＝34h43m20s＝1d10h43m20s

問題 1-3

4桁ごとに区切ると、1111 1111 1111 1111 なので、0xFFFF

問題 1-4

$0001 \vee 1010 = 1011$

問題 1-5

利用率

$$\rho = \frac{\text{平均サービス時間}}{\text{平均到着時間}} = \frac{15}{60} = 0.25$$

問題 1-6

平均待ち時間は

$$\frac{\rho}{1-\rho} \times \frac{1}{\mu}$$

で計算できる。

$$\rho = \frac{\lambda}{\mu S}$$

だから、行列 A の利用率は行列 B と比べて $\frac{1}{2}$ になるので、行列 A の待ち時間は行列 B と比べて、

$$\frac{\frac{1}{2}\rho}{1-\frac{1}{2}\rho} \div \frac{\rho}{1-\rho} = \frac{\rho}{2-\rho} \times \frac{1-\rho}{\rho} = \frac{1-\rho}{2-\rho} \text{ 倍}$$

になる。レジでの処理が一人当たり平均サービス時間1分かかり、平均到着時間2分に一人レジに並ぶことを考えると

$$\rho = \frac{\lambda}{\mu} = \frac{1}{2}$$

なので、行列 A は行列 B と比べて

$$\frac{1-\frac{1}{2}}{2-\frac{1}{2}} = \frac{1}{3} \text{ 倍}$$

の待ち時間となる。行列 A には5人、行列 B には2人並んでいるが、A は $\frac{1}{3}$ 倍の待ち時間で済むので、A に並んだ方が早くレジにたどり着く。

②
情報ネットワークの構成

2.1. インターネットと IP ネットワーク

2.1.1. インターネットの歴史と構成

インターネット（internet）は、ネットワークを結ぶネットワークという意味ですが、今では一般的に、グローバルに張り巡らされ世界中でアクセスが可能な情報ネットワークであるインターネット（The Internet）のことを指します。このインターネットは、元々、米国 国防総省 高等研究計画局で開発・運用された ARPANET（Advanced Research Projects Agency NETwork）を起源としています。インターネット関連の年表を図2-1 に示します。

この年表にはさまざまな団体の設立も記されています。インターネットは特定の組織が一元管理するネットワークではなく、利用者それぞれが自らの持ち場に責任を持ち、共同で運用されるネットワークであり、分野や地域によって管理団体が存在します。

ドメインや IP アドレス、プロトコル番号といったインターネット資源のグローバルな管理は、IANA（Internet Assigned Numbers Authority）が実施し、2000 年からは ICANN（Internet Corporation for Assigned Names and Numbers）に引き継がれました [3]。インターネットに関する技術コミュニティ全体の方向性やアーキテクチャについては、IAB（Internet

---

1969 ARPANET で初のパケット送信
　1972 Internet Assigned Numbers Authority (IANA)設立
　1979 インターネットアーキテクチャ委員会 (IAB)設立
1980　イーサネットの規格公開
1982 TCP/IP 標準化
　1986 Internet Engineering Task Force(IETF)設立
1990 ARPANET 退役
1991 World Wide Web (WWW) 発明
　1992 インターネット協会 (ISOC)設立
　1994 World Wide Web Consortium (W3C)設立
1994 初のWebを対象とした全文検索エンジン (WebCrawler)
　1994 North American Network Operators' Group (NANOG)設立
1995 IPv6 提案
　1998 ICANN (Internet Corporation for Assigned Names and Numbers)設立
1999 IEEE 802.11b 無線ネットワーク規格化

〔図 2-1〕インターネット関連の年表

Architecture Board）で議論されています。

　また、インターネットの運用については、ISOC（Internet Society）が他の団体と連携してインターネット技術やシステムの標準化、教育、ポリシーに関する課題解決、議論の場として存在します。ISOC には地域支部もありますが、地域ごとに NANOG（North American Network Operators' Group）や JANOG（Japan Network Operators' Group）といった運用者グループも組織されています。IAB も ISOC の技術委員会として機能しています。

2.1.2. インターネットの標準化（IETF、W3C）

　インターネット関連技術は広く世界で使われ相互接続性が要求されるため、IETF（Internet Engineering Task Force）や W3C（World Wide Web Consortium）および関連する多数の国際標準化団体で技術仕様の標準化が行われています。

　IETF は 1986 年に始まったインターネットに関する技術の標準化について検討を行う団体で ISOC の組織的活動と位置付けられています [4]。会員組織ではなく活動のほとんどは個人の参加者がボランティアとして行っており、議論の中心はメーリングリストを活用しています。標準化は、応用・リアルタイム（APT：Applications and Real-Time）、全般（GEN：General）、インターネット（INT：Internet）、運用と管理（OPS：Operations and Management）、ルーティング（RTG：Routing）、セキュリティ（SEC：Security）、トランスポート（TSV：Transport）の 7 つのエリアで行われています。IETF で策定されるのは、RFC（Request For Comment）と呼ばれる文書です。標準化過程においては Proposed Standard から Internet Standard の段階を経て STD 番号が付与されインターネット標準となります。標準トラック文書（Proposed Standard 及び Internet Standard）以外にもベストカレントプラクティス文書（Best Current Practice）、情報的文書（Informational documents）、実験的プロトコル（Experimental protocols）、歴史的文書（Historic documents）が作成されます。

　一方、W3C は WWW（World Wide Web）の発明者である Tim-Berners

Lee が設立し現在もディレクタを務める、Web 技術の標準化と推進を目的とした会員制の国際的産学共同コンソーシアムです。ホストである米国マサチューセッツ工科大学 計算機科学人工知能研究所（MIT CSAIL）、欧州情報処理数学研究コンソーシアム（ERCIM）、日本の慶應義塾大学（W3C/Keio）及び中国の北京航空航天大学（W3C/Beihang）によって共同で運営されています。世界各国の企業や大学が会員として活動していて、個人での参加も可能です。W3C は Web に関する技術仕様やガイドラインを作成しています。作成された標準は勧告（Recommendation）として公開されます。W3C 勧告の作成プロセスにおいて、作成された技術仕様を自由に実装ができる権利（ロイヤリティ・フリー）が確保されることも特徴です。

2.1.3. IP ネットワーク

インターネットでは TCP/IP というプロトコルが用いられています。TCP/IP は TCP（Transmission Control Protocol / 転送制御プロトコル）と IP（Internet Protocol / インターネットプロトコル）を組み合わせた用語です。TCP/IP はインターネットをはじめ、現在ではほとんどのコンピュータネットワークで広く使われているプロトコルになっています。TCP/IP に対応するネットワーク機器が安価で容易に入手できるため、インターネットに接続しないネットワークでも TCP/IP が採用されています。TCP/IP を通信プロトコルに使用しているネットワークは IP ネットワーク（IP 網）と呼ばれます。

社内ネットワークや学内ネットワークはインターネットとの接続点を持つものの、インターネットからのアクセスを制限し、インターネットには参加していません。このような組織内のネットワークは、内部のネットワークという意味のイントラネット（intranet）と呼ばれます。

また、NTT 東日本・西日本の加入者向けネットワークであるフレッツ網（地域 IP 網）、NGN（Next Generation Network）は IP を用いた網内サービスとしてひかり電話（IP 電話）やひかり TV（IPTV）などを提供しています。ISP（Internet Service Provider）を経由して、インターネットに

接続することも可能です。これらのネットワークは広域網ですが、イン
ターネットとは別の閉域網として構成されており、インターネットとは
異なる大規模な IP ネットワークの1つです。

2.1.4. TCP/IP と OSI 参照モデル

TCP/IP は OSI 参照モデルにどのように対応しているのでしょうか。
図 2-2 は TCP/IP と OSI 参照モデルの対応についてまとめた表です。OSI
参照モデルの7階層が TCP/IP では4階層で構成されます。TCP/IP では
OSI 参照モデルの第1層（物理層）と第2層（データリンク層）は明確に
分かれておらず、ネットワークインタフェース層もしくはリンク層と呼
ばれ、物理的な信号通信や同一ネットワーク内での通信を行います。第
3層（ネットワーク層）はインターネット層に対応し、第4層はトラン
スポート層がそのまま対応します。第5層（セッション層）、第6層（プ
レゼンテーション層）、第7層（アプリケーション層）はまとめて、アプ
リケーション層と位置付けられています。

	OSI参照モデル	TCP/IP	プロトコルの例
7層	アプリケーション層	アプリケーション層	HTTP、FTP、DHCP、SMTP、POP、Telnet、SSH
6層	プレゼンテーション層		
5層	セッション層		
4層	トランスポート層	トランスポート層	TCP、UDP
3層	ネットワーク層	インターネット層	IP、ARP、RARP、ICMP
2層	データリンク層	ネットワークインタフェース層（リンク層）	MAC
1層	物理層		

〔図 2-2〕TCP/IP と OSI 参照モデルの対応

2.2. IPアドレス

2.2.1. IPアドレス

　IPにおいて、ネットワーク上の機器を識別するために付与されるのがIPアドレスです。IPアドレスはネットワーク層における識別用の番号で、所属するネットワークを示すネットワーク部と個別の機器(ホスト)を一意に識別するホスト部からなります。それぞれネットワーク番号、ホスト番号と呼ばれます。IPでは同じネットワーク番号を持つ端末は直接通信ができます。

　IPアドレスにはIPv4とIPv6がありますが、ここからはIPv4を中心に説明します。

　IPアドレスは、8ビットの数字4組、合わせて32ビットを用いて表現されます。コンピュータでは2進数で解釈されますが、通常の表記では10進数で表されます。図2-3は、IPアドレスの表記例です。

　IPアドレスでネットワーク部とホスト部を分けるのに使われるのが、ネットマスクというフィルタです。例えば、24ビットマスクというネットマスクを用いると、IPアドレスの先頭から24ビット分がネットワーク部、残り8ビット分がホスト部です。ネットマスクは、255.255.255.0といったようにIPアドレスに対応して表記されます。この表記を用いると、図2-4に示すようにIPアドレスとネットマスクの2進数での論理積(AND)を取ることで、ネットワーク番号が得られます。

　ネットマスクはネットワークの大きさを表しており、ネットマスクが大きいとホスト部で使えるアドレスの数が少なくなります。

192 ． 168 ． 1 ． 1
8ビットの数字 (10進数) 4組で表現

11000000.10101000.00000001.00000001
2進数表現

〔図2-3〕IPアドレスの表記

10進表記
192 . 168 . 1 . 1：IPアドレス
255 . 255 . 255 . 0：ネットマスク
192 . 168 . 1 . 0：ネットワーク番号

2進表記
11000000 . 10101000 . 00000001 . 00000001：IPアドレス
11111111 . 11111111 . 11111111 . 00000000：ネットマスク
11000000 . 10101000 . 00000001 . 00000000：ネットワーク番号

〔図2-4〕IP アドレスとネットマスク

2.2.2. ネットワークアドレス

　ネットワーク番号は、そのネットワークの IP アドレス、すなわちネットワークアドレスを表します。表記としては、192.168.1.0/24 のようにホスト番号を 0 にして末尾にネットマスク長が記載されます。

問題 2-1

　ネットマスクが 24 ビットのとき、次の IP アドレスが属するネットワークアドレスを求めよ。
　　192.168.0.129

2.2.3. 特別な IP アドレス

　IP アドレスでは、端末に付与できない特別な IP アドレスがあります。ホスト部のビットが全て 0 で表されるネットワークアドレスと、ホスト部のビットが全て 1 で表されるブロードキャストアドレスです。ネットワークアドレスはネットワークを示すために用いられ、ブロードキャストアドレスは、ネットワーク内の全てのホストにデータ送信する際に用いられます。また、ループバックアドレス 127.0.0.1 は各ホストが自分自身を示す特別なアドレスとして用いられます。

　同じネットワークに収容できるホストの数は IP アドレスのホスト部で使えるビットの組み合わせのうち、ネットワークアドレスとブロードキャストアドレスを除いた数になります。つまり、ネットマスクが 24

ビットのネットワークでは、$2^{32-24}-2=2^8-2=254$ 個のホストを収容することができます。

問題 2-2

次のネットワークに収容できるホスト数を求めよ。

192.168.1.0/26

２.２.４. IP アドレスのクラス

IP アドレスは、A から E までの 5 つのアドレスクラスに分けられます [5]。この分類は IAB がアドレス管理を簡易化するために用いたものです。各クラスの IP アドレスを図 2-5 に示します。

クラス A、B、C は通常のネットワークに用いるアドレスとしてホストに付与されます。クラス D のアドレスは 2.4.6 節で説明するマルチキャスト通信に用いられるアドレスです。クラス E のアドレスは IAB が実験用に予約した特殊なアドレスです。クラス A、B、C のアドレスを用いるネットワークのネットマスクはそれぞれ 8 ビット、16 ビット、24 ビットであり、それぞれ 16,777,214 個、65,534 個、254 個のホストを収容できます。

クラス単位で IP アドレスを割り当てると、ネットワークごとに使い切らないアドレスが出てきて、無駄が発生します。そこで、クラスを使わずに、任意のブロック単位のネットマスクを用いてネットワークを構成する技術が CIDR（Classless Inter-Domain Routing）です。現在では

クラス	IPアドレス	ネットマスク	最大収容ホスト数
A	1.0.0.0～126.255.255.255 0xxxxxxx.xxxxxxxx.xxxxxxxx.xxxxxxxx	255.0.0.0 11111111.00000000.00000000.00000000	16,777,214
B	128.1.0.0～191.254.255.255 10xxxxxx.xxxxxxxx.xxxxxxxx.xxxxxxxx	255.255.0.0 11111111.11111111.00000000.00000000	65,534
C	192.0.1.0～223.255.254.255 110xxxxx.xxxxxxxx.xxxxxxxx.xxxxxxxx	255.255.255.0 11111111.11111111.11111111.00000000	254
D	224.0.0.0～239.255.255.254 1110xxxx.xxxxxxxx.xxxxxxxx.xxxxxxxx	マルチキャストに用いられる特殊なアドレス	-
E	240.0.0.0～255.255.255.254 1111xxxx.xxxxxxxx.xxxxxxxx.xxxxxxxx	実験用に予約された特殊なアドレス	-

〔図 2-5〕IP アドレスのクラス

CIDR による割り当てを行うのが一般的になっています。

2．2．5．サブネットワーク

IP ネットワークを構成する際に、割り当てられた IP アドレス空間を分割して複数のネットワークとして用いることができます。このことをサブネット化もしくはサブネット分割と呼び、分割されたネットワークをサブネットワーク（もしくはサブネット）と呼びます。サブネット化は元のネットワークからネットマスクを増やすことにより、実現できます。例えば、192.168.0.0/24 のネットワークのネットマスク長を 25 に増やすことにより、192.168.0.0/25 と 192.168.128.0/25 のサブネットワークに分割して用いることができます。サブネットワークのネットマスクをサブネットワークマスク（もしくはサブネットマスク）と呼びます。

2．2．6．IPv6

IPv4 は 32 ビットのアドレス体系なので、最大で $2^{32}=4,294,967,296$ 個のホストしか収容できません。インターネットが大きく発展した現在では、この数字は大きくありませんし、いずれ枯渇するものと考えられます。

そこで、IP アドレスの新しいバージョンとして、IPv6 が考えられました。IPv6 は 128 ビットでアドレスを表現するので、最大で $2^{128} \cong 3.4 \times 10^{38}$ 個の IP アドレスが使用できます。IPv6 の表記は以下のような形式で表現されます。

2001:0DB8:0000:0000:0123:4567:89AB:CDEF

2001:DB8:::123:4567:89AB:CDEF　（一部を省略した表記）

2001:DB8:0:0:123:4567:89AB:CDEF/60　（ネットマスクを示した表記）

IPv6 は IP アドレスの数が多いだけでなく、IPSec（Security Architecture for Internet Protocol）というセキュリティ機能で IP パケットのデータを暗号化することが標準であること、ホストには自動で IP アドレスが付与されるため設定が簡単であること、ヘッダがシンプルであることなどが特徴として挙げられます。

2.3. インターネットへの接続
2.3.1. インターネットへの接続方法

インターネットへ機器を接続する際には、以前は専用線を用いることが一般的でした。専用線は通信事業者が企業や大学等の組織に対して提供する専用の通信回線のことで、機密性が高く安定した運用ができる回線です。しかしながら、非常に高価なため一般の家庭で導入することはできません。

そこで、公衆回線を利用して ISP（Internet Service Provider ／インターネットサービスプロバイダ）が提供するインターネットへの接続サービスを用いることができるようになっています。例えば、家庭からは、回線事業者が提供する光ファイバや電話回線、ADSL、あるいはケーブルテレビネットワークなどのアクセス回線を経由して ISP に接続することができます。また、街中では公衆無線 LAN（公衆 Wi-Fi）を経由してインターネットに接続することもできます。

家庭から公衆回線を用いた一般的なインターネット接続形態を図 2-6 に示します。

接続形態には以下のようなものがあります。

- ブロードバンド接続：FTTH、ケーブルテレビ、ADSL、専用線を使用
- モバイルブロードバンド接続（無線アクセス）：携帯電話回線、MVNO（Mobile Virtual Network Operator）回線、公衆無線 LAN を使用
- ダイヤルアップ接続：電話回線、ISDN（Integrated Services Digital Network）を使用

〔図 2-6〕インターネット接続形態例

　ダイヤルアップ接続でISPと接続するには、PPP（Point-to-Point Protocol）を用います。PPPではユーザ認証後、リンクを確立し、IPによる通信ができるようになります。ブロードバンド接続では、PPPoE（PPP over Ethernet）が用いられます。ブロードバンド回線はイーサネットを用いたIP接続ができますが、ISPとの通信でユーザ認証が必要となるため、PPPを用いてIPをカプセル化します。これにより直接、インターネットへの接続が可能となります。PPPoEはIPv4で用いられるプロトコルですが、最近ではIPv6に対応したIPoE（IP over Ethernet）を用いて高速にインターネット接続ができるようになってきています。

2.3.2.　LAN間接続

　LANをIPネットワークで構成した場合、LAN間を接続して通信するにはどうすればよいでしょうか。

　ネットワークインタフェース層でLAN間を結ぶのがブリッジという機器（図2-7）です。ブリッジを用いると、同じネットワークアドレスを持つ2つのネットワークを接続することができます。ブリッジはプロトコル変換も実現できるため、イーサネットで構成されたネットワーク

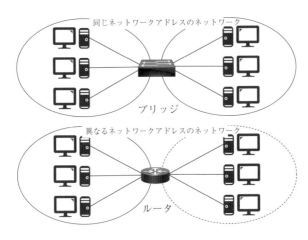

〔図2-7〕ブリッジとルータ

と Wi-Fi で構成されたネットワークをつなぐこともできます。

　一方、インターネット層でLAN間を結ぶ機器はルータと呼ばれます。ルータは2つの異なるネットワークアドレスを持つネットワークを接続します。ルータはネットワークの出口にあたるため、ゲートウェイとも呼ばれます。特に内部のネットワークと外部のネットワークを接続するルータをデフォルトルータもしくはデフォルトゲートウェイと呼びます（図2-8）。

　ブリッジとルータの機能を持つスイッチという機器もあります。ブリッジ機能のみのスイッチをL2スイッチ、ルータ機能を持つスイッチをL3スイッチと呼びます。またハブ（HUB）には、スイッチ機能を持つスイッチングハブとLANケーブルを流れる電気信号を増幅して中継するリピータハブがあります。

2.3.3. ルーティング

　インターネットをはじめとするIPネットワークでは、ルータを用いて複数のネットワークが順に接続され、図2-9のように大きなネットワークを形成しています。IPネットワークはメッシュ上に構成されており、ネットワークの遠くにあるホストとの通信をする際には、複数の経路が存在することがあります。そこで、適切なルートを発見しその経路をたどることが必要です。このプロセスをルーティングと呼びます。ルーティングでは、どの経路が利用可能か、目的に応じた最良の経路はど

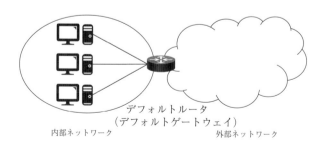

デフォルトルータ
（デフォルトゲートウェイ）

内部ネットワーク　　　　　　　　　外部ネットワーク

〔図2-8〕デフォルトルータ

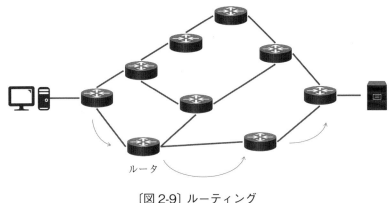

〔図2-9〕ルーティング

れか、といった評価を通して、経路を選択します。

　ルータは、宛先のネットワークに到達するためにどの転送先のルータにパケットを転送するかを示すルーティングテーブルを保持します。ルータはルーティングテーブルを参照して、ルーティングを行います。ルータ間ではルーティングプロトコルを用いてルーティングに関する情報を交換してルーティングテーブルを更新することで、経路変更に素早く対応することができます。

　インターネットでは、ISPが管理するネットワーク間を接続しています。この接続点をIX（Internet eXchange）と呼んでいます。インターネット上のデータセンタ（IDC）との接続点でもあり、インターネット相互接続点になっています。

2. 3. 4. グローバルIPアドレスとプライベートIPアドレス

　インターネットで用いるIPアドレスはグローバルIPアドレスと呼ばれ、インターネット上で唯一のアドレスであり、重複が許されません。そこでグローバルIPアドレスはICANNが管理しており、ISP経由で利用者に割り当てられます。

　一方、会社などの組織や家庭内のネットワークは、その内部で情報交換をするために用いられ、インターネットに接続する際も非公開の状態

で運用されます。このようなネットワークをプライベートネットワーク
と呼びます。

　プライベートネットワークは公開されないので、グローバルIPアド
レスを付与する必要はありません。そこで利用者が自由に割り当てるこ
とができるプライベートIPアドレスを用います。プライベートIPアド
レスは、その範囲が以下のように決まっており、それぞれクラスA、B、
Cに対応しています。

　10.0.0.0 ～ 10.255.255.255
　172.16.0.0 ～ 172.31.255.255
　192.168.0.0 ～ 192.168.255.255

2.3.5. ネットワークアドレス変換

　プライベートネットワークをインターネットなどの公開ネットワーク
に接続する際にはルータやプロキシサーバでIPアドレスを変換します
（図2-10）。この技術をネットワークアドレス変換（NAT: Network
Address Translation）と言います。NATを用いることにより、プライベー
トネットワーク内の複数のホストは公開ネットワークにアクセスするこ
とができます。NATでは、プライベートネットワーク内のホストに付
与された複数のプライベートIPアドレスを1つのグローバルIPアドレ

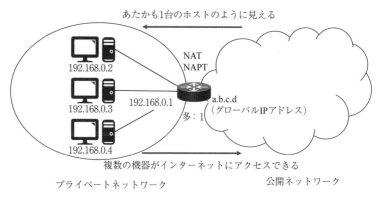

あたかも1台のホストのように見える

192.168.0.2
192.168.0.3
192.168.0.4
192.168.0.1

NAT
NAPT

多：1

a.b.c.d
（グローバルIPアドレス）

複数の機器がインターネットにアクセスできる

プライベートネットワーク　　　　　公開ネットワーク

〔図2-10〕ネットワークアドレス変換

スに集約するので、外部のネットワークからはプライベートネットワークがあたかも1台のホストのように見えます。

　IP アドレスの変換に加えて、2.4.5 節に示すポート番号の変換も行う技術を NAPT（Network Address Port Translation）、または IP マスカレードと呼びます。

２.４. IP ネットワークの通信

２.４.１. TCP/IP のプロトコルスタック

　2.1.4 節で説明したように、**TCP/IP** は 4 階層モデルで表せます。階層（レイヤ）ごとのプロトコルを示したものがプロトコルスタックです。図 2-11（参考文献 [5] 図 9-1 を修正）に示します。各通信レイヤで送られる情報の単位として、ネットワークインタフェース層ではフレーム、インターネット層ではデータグラム、トランスポート層ではセグメント、アプリケーション層ではメッセージがそれぞれ通信されます。

２.４.２. TCP/IP でのカプセル化

　TCP/IP の通信では、図 2-12 に示すように上位のレイヤでやり取りされるデータを伝送するため、下位レイヤでは通信に必要なヘッダが付与

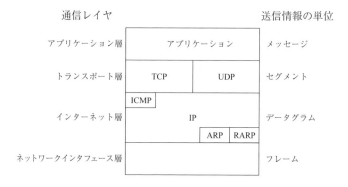

〔図 2-11〕TCP/IP のプロトコルスタック

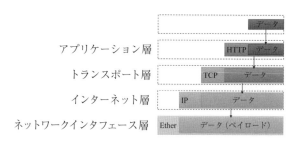

〔図 2-12〕カプセル化

されます。この処理をカプセル化と呼びます。また、伝送する上位レイヤのデータのことを運ぶものという意味でペイロードと呼びます。各レイヤでの通信では通信ヘッダを見て宛先やデータの種類を判別します。

2．4．3．　ネットワークインタフェース層の通信

　TCP/IP が動作する一般的な媒体はイーサネットです。イーサネットによるネットワークインタフェース層の通信では、ヘッダに宛先 MACアドレス、発信元 MAC アドレスとフレームで送られる内容のタイプ（IP、ARP、RARP）が含まれます。MAC アドレスはネットワークインタフェースカード（NIC）を識別するアドレスで、製造時に付与されます。12 桁の 16 進数で構成され、2 桁ずつ「-」や「:」で区切って示されます。前半 6 桁がベンダーを表す固有の ID で、後半 6 桁が各デバイスの ID を示します。以下の範囲のアドレスになります。

　00-00-00-00-00-00 ～ FF-FF-FF-FF-FF-FF

　このレイヤの通信では、同じネットワーク内のホスト（ネットワークアドレスが同じホスト）と直接通信を行います。またブリッジを経由して LAN 間通信も可能です。

　IEEE802.3 で規定されるイーサネット通信方式は、CSMA/CD（Carrier Sense Multiple Access with Collision Detection）方式と呼ばれます。イーサネットに接続されたホストは非同期にパケット送信を行うため、1）Carrier Sense：通信を開始する前に、受信してみて通信しているホストがあるか確認、2）Multiple Access：他のホストが通信していなければ自分の通信を開始、3）Collision Detection：複数の通信が同時に行われた場合はそれを検知し、ランダムな時間待ってから再び送信、という手順で通信を行います。

　また、IEEE802.11 で規定されている無線（Wi-Fi）の通信方式は、CSMA/CA（Carrier Sense Multiple Access with Collision Avoidance）方式と呼ばれ、CSMA/CD と同様に、1）Carrier Sense：通信を開始する前に、受信してみて通信しているホストがあるか確認、2）Multiple Access：他のホストが通信していなければ自分の通信を開始、の手順を踏みますが、無線

通信では衝突検知ができないため 3) Collision Avoidance：搬送波感知の段階で通信中のホストを検出した場合、そのホストの送信終了後、ランダムな長さの待ち時間をとって自分の通信を開始、という違いがあります。

２．４．４．インターネット層の通信

IP はインターネット層の中心となるプロトコルです。IP を用いることで、異なるネットワークアドレスを持つネットワークの送信元から宛先までのパケット通信が可能となります。宛先が自サブネットに存在しないときは、ルータ経由で通信を行います。IP はコネクションレス型データグラムサービスと呼ばれます。すなわち、通信経路が定義されているわけではないので、2 つのノード（宛先と発信元）でやりとりをするデータグラムは異なった経路を通ることもあり、異なる順序で届くこともあります。これにより経路上に障害が発生した際に柔軟に経路変更することにより、わずかな遅延を伴うだけで宛先にデータグラムを届けることが実現できます。IP のデータグラムのヘッダには宛先 IP アドレス、発信元 IP アドレス、ペイロードのプロトコル（TCP、UDP、ICMP）が含まれます。

インターネット層の通信では、次の 3 つのプロトコルが使われます。
• ARP（Address Resolution Protocol）：アドレス解決プロトコル
• RARP（Reverse Address Resolution Protocol）：逆アドレス解決プロトコル
• ICMP（Internet Control Message Protocol）：インターネット制御メッセージプロトコル

ARP と RARP は IP を使用しないため、図 2-11 でインターネット層下部に記載されており、ICMP は IP データグラムを用いて伝送されるため、インターネット層上部に記載されています。

ARP は IP アドレスと MAC アドレスを結びつけます。ネットワークに接続されている各機器（ノード）は MAC アドレスと対応する IP アドレスの組からなる ARP テーブル（ARP キャッシュとも言います）を持っています。自サブネット内の通信では、ARP テーブルを用いて、IP アドレスから MAC アドレスを見つけて、通信することができます。

RARP は ARP の逆に、MAC アドレスに対応する IP アドレスを見つける時に用いられます。

実習 2-1

　パソコン（Windows、MacOS 等）のコマンドラインから「arp -a」のコマンドを実行し、ネットワークに繋がった機器の IP アドレスと MAC アドレスの対応を調べよ。

　IP では、データを確実に宛先に届けられる保証はしていません。そのため、宛先を確認するプロトコルが準備されています。ICMP は宛先の状態や経路を確認する際に用いることができるプロトコルで、ネットワーク操作における診断方法を提供します。ICMP を用いると宛先や経路上のルータ（ノード）からの応答を確認することができます。ただし、ルータによっては応答を止めているものもあります。

実習 2-2

　パソコン（Windows、MacOS 等）のコマンドラインから「ping <宛先のアドレス>」のコマンドを実行し、応答を確認せよ。また「tracert <宛先のアドレス>（Windows の場合）」、「traceroute <宛先のアドレス>（MacOS の場合）」を実行し、通信経路を確認せよ。

2．4．5．トランスポート層の通信

　トランスポート層の通信では、TCP（Transmission Control Protocol ／転送制御プロトコル）と UDP（User Datagram Protocol ／ユーザデータグラムプロトコル）が提供されます。TCP はコネクション型のサービスを提供するため、信頼性が高い通信が実現できます。一方、UDP はコネクションレス型のサービスを提供し、通信の品質よりもリアルタイム性を優先した通信に用いられます。

　TCP と UDP ともにソケットという IP アドレスとポート番号の組を通信に用います。ポートは通信チャネルのことで、番号ごとに異なる通信

を行うことができます。例えば図2-13のように宛先ノードと送り元ノードでそれぞれ受け口、送り口の異なるポート番号を使い、複数のセッションで通信することができます。

　図2-14に示すように、アプリケーション層の通信プロトコルごとにあらかじめ決められたポート番号が定義されています。これは一般的に用いられるポート番号（Well Known Ports、System Ports）で、アプリケーションで変更することも可能です。

　UDPのヘッダには、宛先のポート番号、発信元のポート番号、ペイロードのプロトコルが含まれます。UDPは、発信元が宛先にセグメントが届いたことを確認する手段を提供しません。したがって、エラーを確認するのは宛先で、チェックサムという誤り検出の仕組みを用います。

　TCPはコネクション型であり、図2-15に示すように、データ転送開始前にコネクションをオープンし、転送が終了するとコネクションをクローズします。セグメント単位でシーケンス番号を用いた通信を行い、宛先からは受信データに対する応答があります。応答が返って来なかったら送信が失敗したと判断し、セグメントの再送（再送制御）が行われ

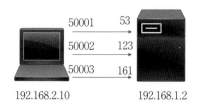

〔図2-13〕UDPによる通信

TCP/20 : FTP (データ)、TCP/21 : FTP (制御)
TCP/22 : SSH
TCP/23 : Telnet
TCP/25 : SMTP、TCP/110 : POP3、TCP/143 : IMAP
UDP/53 : DNS
UDP/67 : DHCP（サーバ）、UDP/68 : DHCP（クライアント）
TCP/80 : HTTP、TCP/443 : HTTPS

〔図2-14〕代表的なポート番号

〔図 2-15〕TCP による通信

ます。TCP のヘッダには、宛先のポート番号、発信元のポート番号、ペイロードのプロトコルに加えて、シーケンス番号、確認応答番号（ACK）が含まれます。

TCP の通信機能として、エラー検出と訂正を行う再送制御の他に、セグメントの受け取りサイズ（ウィンドウサイズ）を変更するフロー制御、セグメントを並べ替える順序制御、重複したセグメントを削除する輻輳制御が提供されます。

問題 2-3

TCP/IP のネットワークインタフェース層、インターネット層、トランスポート層の各レイヤで通信を行う際に、宛先を特定するのに必要な情報は何か？

2．4．6．ユニキャスト、ブロードキャスト、マルチキャスト

IP ネットワークでの通信方式には、ユニキャスト、ブロードキャスト、マルチキャストという方式があります。

ユニキャストは特定のホストと 1 対 1 で通信する方式です（図 2-16）。

発信元から宛先にデータを送信する通常の通信はこれに当たります。IP ネットワークでは宛先の IP アドレスを指定して通信することができます。TCP も UDP も使用できます。

　ブロードキャストは、自サブネット内の不特定のホストへの通信を行う方式です（図 2-17）。宛先の IP アドレスにホスト番号のビットを全て 1 にしたブロードキャストアドレスを用います。ブロードキャストは ARP や IP アドレスを自動取得するプロトコルの DHCP で用いられます。ブロードキャストは自サブネット内のみで有効なので、ルータを超えて通信することはできません。

　マルチキャストは、ルータを超えて 1 対多の通信を行います（図 2-18）。宛先に図 2-5 に示すクラス D のマルチキャストアドレスを用います。マルチキャストアドレスを指定されたパケットはルータで中継され、そのマルチキャストアドレスのパケットを受信することを要求したホストが属するルータまで届きます。マルチキャストが利用できるのは

〔図 2-16〕ユニキャスト

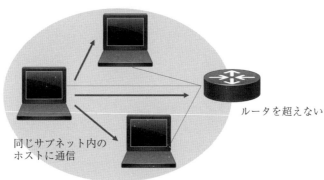

〔図 2-17〕ブロードキャスト

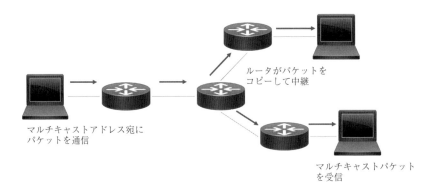

〔図2-18〕マルチキャスト

経路上のルータがそのパケットを中継する場合のみなので、ネットワーク構成によっては必ずしもマルチキャストを利用できるわけではありません。マルチキャストは、IPTV（Internet Protocol TeleVision）などの動画配信サービスやソフトウェアの一斉配信サービスなどで用いられます。

　ブロードキャストやマルチキャストでは、UDPによる通信が行われます。

2．4．7．IPアドレスの割り当て

　ホストにIPアドレスを割り当てる方法として、固定的にアドレスを付与する方法とネットワーク接続時に動的にアドレスを付与する方法があり、付与されるIPアドレスはそれぞれ固定IPアドレス、動的IPアドレスと呼ばれます。

　固定IPアドレスはIPアドレスが変わると困る機器に割り当てて、明示的に設定します。例えば、ルータやスイッチなどのネットワーク機器や他のホストからアクセスされるサーバには固定IPアドレスを付与します。固定IPアドレスを用いる場合には、同じサブネット内で付与するIPアドレスが重複しないようにIPアドレスを管理する必要があります。

　動的IPアドレスは、DHCP（Dynamic Host Configuration Protocol）というプロトコルを用いてDHCPサーバに問い合わせることで、ホストが自動的に取得できます。DHCPサーバはサブネット内で割り当て可能なIP

アドレスの範囲を管理しており、問い合わせに応じて利用可能な IP アドレスを払い出します。IP アドレスと合わせて、そのネットワークに接続する際に必要となるサブネットマスクや名前解決を行う DNS サーバのアドレス、デフォルトルータといった情報も提供します。また払い出された IP アドレスには有効期限（リース期間）が定められており、有効期限が過ぎると別のホストに払い出すなど再利用されます。有効期限内に DHCP サーバに申請すれば再リースされ、有効期限が延長されます。

実習 2-3

　使用しているパソコン（Windows、MacOS 等）の IP アドレスとその割り当て方法（動的 IP アドレス、もしくは固定 IP アドレス）を確認せよ。

２.４.８. ドメイン名空間と名前解決

　インターネット上のホストにアクセスする際、IP アドレスを直接指定するのは容易ではありません。そこでホストに名前を付けてアクセスすることができます。インターネットでは名前から IP アドレスに変換する仕組みがあります。この仕組みを名前解決と呼びます。名前解決を行うサーバが DNS サーバ（Domain Name System Server）です。

　インターネット空間上でのホスト名やネットワーク名は、住所に当たるドメインと合わせて管理されています。ドメインは階層的に管理されており、例えば、WWW で利用する URL（Uniform Resource Locator）や電子メールアドレスで表記されるように「.」で区切った単位で表されます。

• URL の例：https://www.example.com
• 電子メールアドレスの例：user@example.co.jp

　ここで、www.example.com や example.co.jp がドメイン名に当たります。また、ホスト名をドメインと組み合わせて表記したものを、FQDN（Fully Qualified Domain Name/ 完全修飾ドメイン名）と呼びます。

　図 2-19 のようにドメイン名を木構造で表現した名前空間をドメイン名空間と呼びます。ドメイン名の最も右側（図 2-19 の (root) の子）に表

記されるドメインをトップレベルドメイン（TLD：Top Level Domain）と言います。トップレベルドメインには、分野別トップレベルドメイン（gTLD：generic TLD）や国別トップレベルドメイン（ccTLD：country code TLD）があり、例えば以下のようなドメインがあります。

- gTLD：com, net, org, edu, gov, biz, info
- ccTLD：jp, de, fr, uk, kr, cn, us

トップレベルドメインより左のドメインはサブドメインと呼ばれますが、ドメインを分割して細かく割り当てたドメインに当たります。右から順に第2レベルドメイン、第3レベルドメインと呼ばれます。jp配下のドメインには以下のようなものがあります[6]。

- 属性型JPドメイン（組織の種別ごと）：co.jp, ac.jp, go.jp, or.jp, ne.jp, gr.jp
- 都道府県型JPドメイン（都道府県名を含む）：tokyo.jp, kanagawa.jp, osaka.jp
- 汎用JPドメイン（任意の文字列）

名前解決を行うDNSサーバはネームサーバとも呼ばれますが、ドメイン名空間のそれぞれの階層の各ドメインに配置されます。DNSサーバは各ドメインのドメイン名とIPアドレスの対応を管理し、さらに下の階層のドメインを管理しているDNSサーバの位置を示す役割もあり

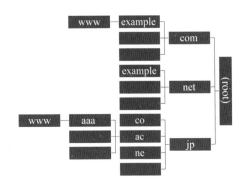

〔図 2-19〕ドメイン名空間

ます。ドメイン名空間の最上位（ルートゾーン（root））を管理するDNS
サーバはルートサーバと呼ばれます。ルートサーバはトップレベルドメ
インを管理するDNSサーバのホスト名とIPアドレスを保持しています。

　各ホストが名前解決を行う際には、図2-20のようにそのホストが
DNSクライアントを使って属する組織が管理するDNSサーバにドメイ
ン名のIPアドレスを問い合わせます。組織のDNSサーバが情報を保持
していればIPアドレスを回答しますが、保持していない場合はルート
サーバから順に所望のドメインのDNSサーバをたどり、所望のドメイ
ン名に対応するIPアドレスを取得します。取得したIPアドレスはDNS
クライアントへ回答されるとともに、キャッシュとして組織のDNSサ
ーバ（DNSキャッシュサーバ）にも保管されます。

　名前解決ができることはPCのコマンドラインから、nslookup＜ホス
ト名、FQDNまたはIPアドレス＞を入力することで確認できます。

実習2-4
　使用しているパソコン（Windows、MacOS等）に設定されているDNS
サーバのIPアドレスを確認せよ。

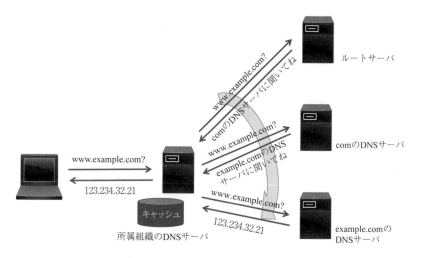

〔図2-20〕DNSによる名前解決

2.5. IP ネットワークの設計
2.5.1. ネットワーク機器の選定

　IP ネットワークを構成する際にはネットワーク機器が必要となります。ルータは、異なるネットワークアドレスを持つ LAN を結ぶときに必要となります。例えば、分かれたネットワークを接続するときや外部ネットワークに接続するときなどです。インターネットアクセスをする際にはブロードバンドルータを用いることが一般的です。接続するネットワークごとにネットワークケーブルがルータのポート（差込口）に刺さりますので、ポートごとに接続するネットワークに属する IP アドレスを割り振ります。

　図 2-21 のように複数のパソコンや NAS（Network Attached Storage）といったファイルサーバ、ネットワーク接続可能なプリンタなどを接続して LAN を組むためには、スイッチやハブを用います。機器間の通信制御を行う場合はスイッチ（スイッチングハブ）、通信制御が不要な場合はハブ（リピータハブ）を使用しますが、最近ではスイッチが安価に手に入るため、スイッチでネットワークを組むことが多いです。ハブは接続している機器のパケットが全てのポートに転送されるため、他の機器の通信状況をモニタする必要があるときに用いられます。スイッチやハブに接続する機器の数に応じて必要となるポート数が決まります。市販されている機器には 4 ポート、8 ポート、16 ポート、24 ポートなどの機器があります。

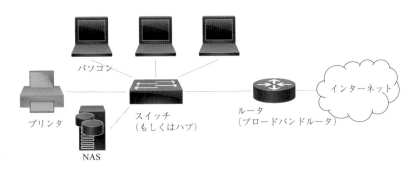

〔図 2-21〕ネットワーク機器の利用

分かれた部屋に同じネットワークを敷設する場合や機器間の配置の距離が遠い場合には、中継するスイッチやハブが必要となるため、台数を増やす必要があります。スイッチには管理用にIPアドレスを付与します。

2.5.2. サブネットの構成

　IPネットワークでは、サブネットマスク長によってサブネットの大きさが変わります。IPアドレスが足りなくなるとサブネットを変更する必要が生じますが、サブネット内の全ての機器の設定変更が必要となるため、なるべく避けるようにしなければなりません。また、会社等の組織でネットワークを構築する際には、サブネットごとに運用ポリシーやアクセスポリシーを決めることができるため、組織単位にサブネットを分けることがあります。

　大きなサブネットは、ホスト収容数が多いので拡張性が高いというメリットがありますが、ブロードキャストが広範囲に及ぶため通信のオーバーヘッドとなります。一方、小さなサブネットを構成すれば、たくさんのサブネットを運用することができますが、サブネット間の通信にルーティングが必要となるため、ルータに負荷がかかるというデメリットもあります。そのため、サブネットを構成するには必要となるサブネット数とホスト数を見極める必要があります。

2.5.3. IPアドレス設計

　具体的にネットワークを構成し、IPアドレスを付与する例について見ていきましょう。

　ある会社の組織で組織再編があり、これまで使用してきたネットワークを再分割することになりました。192.168.0.0/24、192.168.0.1/24、192.168.2.0/24を新しくできたプロジェクA、プロジェクトB、プロジェクトCで、それぞれ別のサブネットとして運用することとなりました。ただし組織の大きさが異なるので、これらの部署に適切なサブネットを割り振りたいと思います。まず、それぞれの部署が必要となるIPアドレスの数をヒアリングすると、図2-22のようになりました。

	プロジェクトA	プロジェクトB	プロジェクトC
必要となるIP アドレスの数	300	100	80

〔図2-22〕必要となる IP アドレスの数

プロジェクト A

　24 ビットネットマスクのサブネットでは、254 個の IP アドレスしか確保できないので、プロジェクト A が必要とする 300 個の IP アドレスには足りません。そこで 23 ビットネットマスクのサブネットを考えます。192.168.0.0/24 と 192.168.1.0/24 のサブネットを組み合わせて、192.168.0.0/23 として用いれば最大 510 個の IP アドレスを割り振ることができます。そこで、プロジェクト A には 192.168.0.0/23 のサブネット 1 を割り当て、サブネットマスク 255.255.254.0 で運用することにします。IP アドレスは、192.168.0.1 ～ 192.168.1.254 が利用できます。

プロジェクト B 及びプロジェクト C

　プロジェクト B とプロジェクト C は、25 ビットネットマスクのサブネットでも 126 個の IP アドレスが確保できるので、それぞれ十分な数の IP アドレスが確保できます。そこで、プロジェクト B には 192.168.2.0/25、プロジェクト C には 192.168.2.128/25 のサブネットをそれぞれ割り当てます。これらをそれぞれサブネット 2、サブネット 3 と呼ぶことにします。サブネットマスクは、255.255.255.128 で運用します。プロジェクト B は 192.168.2.1 ～ 192.168.2.126、プロジェクト C は 192.168.2.129 ～ 192.168.2.254 の範囲で IP アドレスが利用できます。

ネットワーク機器

　プロジェクト A、B、C に割り当てたサブネット間を接続するためにルータを 1 台準備する必要があります。ルータには、3 つのサブネットから 1 つずつ IP アドレスを割り当てます。慣例として、一番若い番号の IP アドレスを用います。

各サブネットで機器を設置するに当たり、スイッチやハブを適切な数だけ配置する必要があります。ここで全ての機器はイーサネットによる有線接続と考え、24ポートのスイッチ（スイッチ間の接続に1ポートを使用）を必要台数だけ置くことにすると、サブネット1には14台、サブネット2には5台、サブネット3には4台が必要になります。まとめると、以下のようになります。

- プロジェクトA: サブネット1（192.168.0.0/23）を使用

192.168.0.1	ルータ
192.168.0.2〜15	スイッチ
192.168.0.16〜192.168.1.254	300台の機器分と予備

- プロジェクトB: サブネット2（192.168.2.0/25）を使用

192.168.2.1	ルータ
192.168.2.2〜6	スイッチ
192.168.2.7〜192.168.2.126	100台の機器分と予備

- プロジェクトC: サブネット3（192.168.2.128/25）を使用

192.168.2.129	ルータ
192.168.2.130〜133	スイッチ
192.168.2.134〜192.168.2.254	80台の機器分と予備

2.5.4. ネットワーク構成図

　ネットワークや機器の構成を図面で表現したものがネットワーク構成図です。ネットワーク構成図には、ネットワークを構成する機器（ハードウェア、ケーブルを含む）の物理的レイアウトを記載した物理構成図とネットワーク上の情報の流れや機器間の相互通信を表現した論理構成図があります。論理構成図にはサブネットやネットワーク機器の情報、ルーティングプロトコルなどが含まれます。

　前述のサブネット1〜3に関するネットワーク構成図は図2-23、図2-24のようになります。

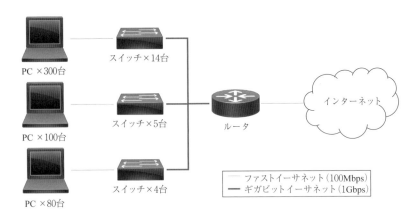

〔図 2-23〕ネットワーク構成図（物理構成）

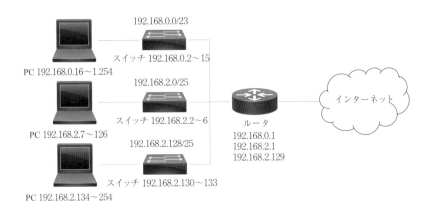

〔図 2-24〕ネットワーク構成図（論理構成）

2.5.5. 仮想ネットワーク

　最近のネットワーク構成では、物理的な配線によってネットワークを分ける代わりに、VLAN（Virtual Local Area Network）と呼ばれる仮想的なネットワークを用いて論理的に LAN を構成することができます。VLAN を使うと、同じ場所で複数のサブネットを構成したり、別の場所に同じサブネットを構成したりすることもできます。VLAN を構成するにはスイッチ（L2 スイッチ）を用います。図 2-25 のようにスイッチの

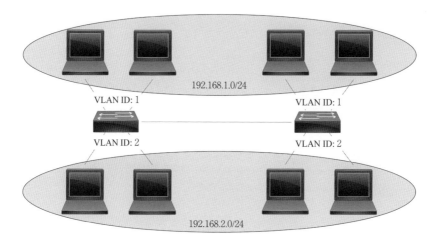

〔図 2-25〕VLAN の設定

ポートごとに VLAN の識別番号である VLAN ID を設定し、VLAN ID ごとにサブネットを分けることができます。複数のスイッチにまたがって VLAN ID を設定することができるので、物理的な配置によらないサブネットが構成できます。なお、L3 スイッチを用いて VLAN 間のルーティングを設定することもできます。

　仮想ネットワークの技術として、遠隔地の LAN に接続するときに用いられる VPN（Virtual Private Network）があります。仮想専用線とも呼ばれますが、VPN はインターネットをはじめとする IP ネットワーク上に仮想的に通信経路を構成し、遠隔地にあるネットワークに接続することができる技術です。例えば、企業のテレワークで自宅から社内ネットワークに接続したり、異なる拠点の事務所のネットワーク間を接続したりするときに用いられます。拠点間の通信は暗号化するので、セキュリティ上の安全性が担保されます。

2.5.6. ファイアウォール

　内部のネットワークを外部のネットワークに接続する際、外部から不用意にアクセスされることを望まないことがあります。特にインターネ

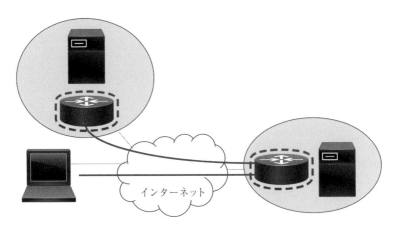

〔図2-26〕VPN の構成

ットに接続する際には、外部からの攻撃を受けたり不正アクセスを受け
たりする可能性があるため、適切に内部のネットワークを守る必要があ
ります。この役割を果たすのがファイアウォールです。日本語では防火
壁の意味です。ファイアウォールは内部ネットワークへの入り口に設置
され、適切な通信のみを通します。

　外部からのパケットの発信元 IP アドレス、宛先 IP アドレス、宛先ポ
ート番号の組で通過パケットを決定するパケットフィルタリングは、専
用機器やルータの一機能として実装されています。また、HTTP などの
アプリケーションプロトコルレベルで通信データを参照して不正コマン
ドを発見し、通過を制御するアプリケーション・ゲートウェイも用いら
れます。

問題の解答
問題 2-1

　192.168.0.0/24

問題 2-2

　$2^{32-26}-2=2^6-2=62$ 個のホストが収容できる。

問題 2-3

　ネットワークインタフェース層：MAC アドレス

　インターネット層：IP アドレス

　トランスポート層：ポート

実習のヒント
実習 2-1、2-2

　Windows の場合は、コマンドプロンプトや Power Shell、MacOS の場合はターミナルを用いてコマンドを実行します。

実習 2-3、2-4

　Windows 10 の場合は、「設定」→「ネットワークとインターネット」→「イーサネット」→「ネットワーク」と選択し、「IP 設定」と「プロパティ」から確認します。MacOS の場合は、「システム環境設定」→「ネットワーク」で接続しているネットワークを選び、「詳細」→「TCP/IP」で確認します。

　IP アドレスは、コマンドラインから ipconfig（Windows の場合）または ifconfig（MacOS の場合）を入力しても確認ができます。

IPネットワークのサービス

3.1. サービスアーキテクチャ

3.1.1. クライアント・サーバモデル

IP ネットワーク上でのサービスの多くは、図 3-1 のようにサービスを受けるクライアント（端末）とサービスを提供するサーバが連携することによって実現されます。アーキテクチャとして、クライアントとサーバが連携して処理を行う情報ネットワークのソフトウェアモデルをククライアント・サーバモデル（Client-Server Model）と呼びます。クラサバや C/S と略して表記されることもあります。本章で紹介する IP ネットワークのサービスはクライアント・サーバモデルを前提としています。

このアーキテクチャでは、クライアントとサーバが独立に動作するので、処理を分散することにより全体の負荷分散が実現できます。また各クライアントで処理された結果がサーバで集約できるのでデータを集中管理できます。障害対策の観点からは、サーバやクライアントのそれぞれが故障してもその部分だけを取り替えたり、スケーラビリティの観点からサーバやクライアントの数を柔軟に変更したりすることができます。

サーバの詳細については、第 4 章以降を参照してください。

3.1.2. UNIX

IP ネットワーク上のサービスはインターネットの発展とともにあり、コンピュータ OS（Operating System）である UNIX と大きく関わっています。UNIX はマルチユーザによるマルチタスクが実行できる OS です。移植性が高く、さまざまな派生した OS が存在します。例えば、現在サ

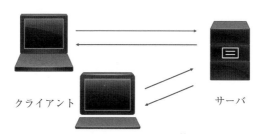

クライアント　　　　　　　　　サーバ

〔図 3-1〕クライアント・サーバモデル

ーバ機で主に利用されている Linux は UNIX のクローン OS であり、MacOS X のコアは NeXTSTEP を起源する UNIX の 1 種です。またその他の OS にも大きな影響を与えています。

　UNIX は、1969 年から 1971 年頃、米国 AT&T のベル研究所で、Ken Thompson や Dennis Ritchie らにより、DEC の PDP-7 というコンピュータ向けの OS として開発されました。階層型のファイルシステムやプロセスとデバイスファイルの概念、コマンドラインインタプリタなどが実現されました。1973 年には C 言語でコードが書き直され、60 万行のソースコードに及ぶ高級言語で開発された初の OS となりました。UNIX は ARPANET で採用され、1975 年には、IETF の RFC681 として ARPANET での UNIX 採用理由が発行されました。1980 年には 4BSD（Berkley Software Distribution）、1983 年には AT&T System 5 や 4.2BSD などの版が発表されました。1988 年には、IEEE で POSIX として標準化されています。

　UNIX は TCP/IP をサポートしており、IP ネットワークに繋がった他の UNIX マシンを遠隔操作可能です。キーボードを使ったテキスト入力で、コマンドラインからさまざまなネットワーク操作コマンドを発行することで、サービスを実現できます。

3.2. アプリケーションサービスとその仕組み

3.2.1. 時刻合わせ

IP ネットワーク経由でコンピュータのシステムクロック（内部時計）の時刻を同期することができます。コンピュータの時刻合わせをすることにより、正しい時刻にサービスを起動したり、コンピュータから出力されるログ情報のタイムスタンプを合わせたりすることができます。また、3.3.5 節で説明する証明書による認証では時刻が合っていないと正しく動作しないことがあります。この時刻合わせには NTP（Network Time Protocol）[7] を用います。NTP の仕組みは、NTP サーバと呼ばれる時刻マスタを持つサーバにパケットを送り、その応答時間を測定することで時刻のずれを求め、時刻合わせを行います。図 3-2 を用いて説明します。

NTP クライアントから NTP パケットが送出されたクライアントが示す時刻を T_1、その同じ時の NTP サーバが示す時刻を T_1' とします。サーバにそのパケットが到着したサーバの時刻を T_2、サーバの処理後、応答パケットが送出されたサーバの時刻を T_3、クライアントに到着したクライアントの時刻を T_4 とします。

NTP パケットの送信に片道でかかる時間を t としたとき、

$$t = \frac{(T_4 - T_1) - (T_3 - T_2)}{2} \quad \cdots\cdots\cdots\cdots\cdots\cdots\cdots\cdots\cdots\cdots (3.1)$$

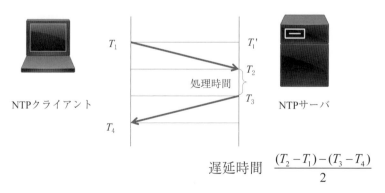

処理時間

NTPクライアント　　　　　　　　　NTPサーバ

遅延時間 $\dfrac{(T_2 - T_1) - (T_3 - T_4)}{2}$

〔図 3-2〕NTP による時刻合わせ

で表せます。したがって、NTPパケット送信時のサーバ時刻 T_1' は

$$T_1' = T_2 - t = \frac{T_1 + T_2 + T_3 - T_4}{2} \qquad \cdots\cdots\cdots\cdots\cdots\cdots\cdots (3.2)$$

となり、サーバ時刻に対するクライアント時刻の遅延は

$$T_1' - T_1 = \frac{(T_2 - T_1) + (T_3 - T_4)}{2} \qquad \cdots\cdots\cdots\cdots\cdots\cdots (3.3)$$

となります。この値を使ってNTPクライアントは時刻を補正します。

　インターネット上で提供されているNTPサーバは時刻問い合わせを分散させるため階層構造で配置されています。stratum0～15という各階層レベルのサーバが存在し、上位レベルのサーバから下位レベルのサーバへ時刻情報を提供しています。一般的にNTPクライアントは低い階層（stratumの値が高い階層）のサーバから時刻情報を取得します。

実習 3-1
　使用しているPCでNTPに関する設定を確認せよ。

3．2．2．電子メール

　電子メールはスマートフォンやパソコンで日常的に使われている、メールアドレスを使って情報をやり取りするサービスです[8]。

　メールアドレスは、user@example.co.jp のように表記しますが、@ より前の user の部分がローカル部、@ より後ろの example.co.jp の部分がドメインを表します。ローカル部はユーザアカウントで、メールサーバのログイン名を示します。現在取得できるメールアドレスの種類には以下のようなものがあります。

- 独自ドメイン（例：@xxx.ac.jp, @yyy.co.jp, @zzz.or.jp）：学校や企業で付与されるメールアドレス
- プロバイダメール（例：@xxx.ocn.ne.jp, @nifty.com, @ybb.ne.jp）：ISP契約に基づき発行されるメールアドレス
- キャリアメール（例：@docomo.ne.jp, @ezweb.ne.jp, @i.softbank.jp）：携帯電話キャリアから発行されるメールアドレス

- フリーメール（例：@gmail.com, @yahoo.co.jp, @outlook.com）：サービスプロバイダから提供されるメールアドレス
- SMS/MMS（電話番号）：携帯電話の仕組みを使って送受信されるショートメッセージ（厳密には電子メールに分類されません）

　電子メールの歴史は古く、1965 年にメインフレーム上のタイムシェアリングシステムの複数の利用者が相互に通信したのが最初の電子メールと言われています。また、1969 年には、ARPANET でのシステム間メール転送実験が行われました。1978 年には UNIX メールが UUCP（Unix to Unix Copy Protocol）[9] というバケツリレー方式のプロトコルでネットワーク化され、その後インターネットの普及とともにインターネット上での一般的なサービスとして定着しました。最近では、メールソフトを用いずに Web ブラウザを使って送受信する Web メールも普及してきています。
　電子メールは送信者が用いるメールサーバから受信者が用いるメールサーバまで複数のメールサーバを経由して届きます。図 3-3 にメールの配送イメージを示します。メールサーバ間のメール配送に用いられるプロトコルが、SMTP（Simple Mail Transfer Protocol）[10] です。SMTP は送信者のメールソフトからメールサーバへメールを送信する際にも用いられます。メールの受信には、POP3（Post Office Protocol Ver.3）[11] や IMAP（Internet Message Access Protocol）[12] というプロトコルが用いられます。端末のメールソフト（メールクライアント）は MUA（Mail User

〔図 3-3〕電子メールの配送

Agent)、メールサーバは MTA（Mail Transfer Agent）と呼ばれます。

　SMTP パケットは、TCP/IP のヘッダとメールデータで構成されます。メールデータはメールのヘッダとボディで構成されます（図 2-12 のアプリケーション層のヘッダとデータに相当します）。SMTP のコマンドシーケンスは図 3-4 のように MUA と MTA でやりとりが行われます。

　一方、MTA から MUA への電子メールの受信時に用いられる POP3 は、メールを MUA にダウンロードするプロトコルです。ダウンロード後は通常、メールサーバからメールを消去します。オフラインで利用することができ、サーバでは未読メールだけを保持できます。そのため、サーバで用意するメールの保存容量が少なくなります。複数の端末からメールを取得すると別の端末でダウンロードして消去してしまったメールは読めなくなります。POP3 でメールを受信する際のコマンドシーケンスを図 3-5 に示します。

　また、IMAP を用いるとメールをメールサーバ上に保存したまま管理します。オンラインでもオフラインでも利用することができます。メールはサーバに常時保存されていてその閲覧状態を一元管理されるので、複数の端末から同じメールを読むことかできます。またメールの一部

〔図 3-4〕SMTP のコマンドシーケンス

（ヘッダやマルチパートのテキスト）のみを取得することも可能です。

　メールデータのヘッダは便箋に当たる部分で、宛先や差出人、配送に
関する情報が記載されます（図3-6参照）。ボディはメール本文や添付
ファイルで構成されます。

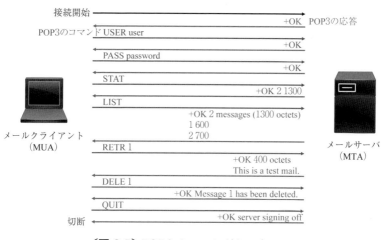

〔図3-5〕POP3 のコマンドシーケンス

To：受取人のメールアドレス（複数可）
Cc：写し受信者のメールアドレス（複数可）
Bcc：秘密受信者のメールアドレス（複数可）
Date：送信者が送信を行った日時
From：送信者のメールアドレス（複数可）
Subject：サブジェクト、主題
Reply-To：送信者が返信先として希望するメールアドレス
MIME-Version：MIMEのバージョン
Message-ID：メールごとの固有番号
In-Reply-To：返信元メールなどのMessage-IDの値の一覧

Received：経由したメールサーバ（MTA）および経由した日時
Return-Path：SMTP通信で送信元として伝えられるメールアドレス
Sender：実際の送信者のメールアドレス
X-FROM-DOMAIN：送信者のドメイン
X-IP：送信者のグローバルIPアドレス
X-Mailer：メールクライアントの種別
X-Priority：送信者が指定した重要度

〔図3-6〕電子メールのヘッダ

RFC5322[13] に規定されているように、メールのボディ部には本来、文字セットとして US-ASCII のみを用いたプレーンテキストしか記載ができませんでした。それを拡張し、ヘッダを定義して US-ASCII 上でさまざまなデータタイプを表現するための符号化方式を規定したのが MIME (Multipurpose Internet Mail Extensions)[14] です。MIME を用いると、さまざまな文字セットや添付ファイルなどをメールで送ることができます。MIME を用いる場合は RFC5322 準拠メッセージとの区別するため、ヘッダに

> MIME-Version：1.0

が記載され、

> Content-Type：*type*/*subtype*; *parameter*
>
> Content-Transfer-Encoding: *mechanism*

で、本文の種類が示されます。ここで、*type* と *subtype* はデータの種類、*parameter* は追加の情報、*mechanism* は符号化方法を指定します。

例えば、Content-Type には以下のようなものが記載されます。

> text/plain; charset=iso-2022-jp; format=flowed
>
> text/html; charset=UTF-8
>
> multipart/alternative
>
> application/octet-stream

Content-Transfer-Encoding には、7bit、8bit、binary、quoted-printable、base64 がありますが、quoted-printable は US-ASCII 以外を「=［16 進数］」で表現したもので、base64 は 3 オクテット（24 ビット）を 6 ビットずつに分割し、それぞれ US-ASCII の 64 文字（英字 52 文字、数字 10 文字、「+」、「/」）を割り当てて表現した符号化になっています。

MIME を用いると、本文を分割して複数のコンテンツを扱うこともできます（図 3-7）。このとき、

> Content-Type: multipart/*subtype*; boundary=" *区切り文字* "

と指定し、*subtype* には以下を用います。

- mixed：複数のデータ形式が混在（添付ファイル）
- alternative：同じ内容が別の形式で混在（HTML メール）
- parallel：同時に再生すべき異なるメディアのデータが混在

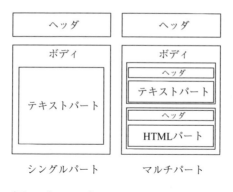

〔図 3-7〕シングルパートとマルチパート

実習 3-2

受信した電子メールのヘッダ情報を確認せよ。

3.2.3. メーリングリスト

メーリングリスト（ML：Mailing List）は電子メールを用いたコミュニケーションサービスです。電子メールを ML のアドレスに送ると、その ML に登録されたメンバ全員に届きます。ML は、学校内の連絡や社内の連絡、友達との連絡、また趣味の仲間とのコミュニケーション、情報交換といった場面で使われます。連絡ツールとしての側面や議論の場、おしゃべりの場としての側面があります。

ML の一種にメールマガジン（メルマガ）があります。メルマガでは情報提供者が登録メンバに対して一斉にメールを配信することができ、主にニュースや広告、ユーザサポート情報の提供等に使われています。メルマガは、送信を許可された情報提供者のみが送信できる ML です。

ML は、メーリングリストサーバ（ML サーバ）を使ってサービス提供します。図 3-8 のように、送信者が ML のメールアドレスにメールを送信すると、ML サーバに届きます。ML サーバは受け取ったメールのコピーを登録ユーザ（受信者）それぞれのメールアドレスに送信します。つまり ML サーバがメールの配信を中継する仕組みになっています。

MLサーバには、メールのサブジェクトにMLの名前や配信したメールの通し番号を付与し、配信メールの管理をし易くする機能を持っているものもあります。

　MLに参加するには、MLの管理者に連絡を取り、MLに受信メールアドレスを登録してもらいます。MLサーバの機能を使ってメールアドレスを自動登録できるMLもあります。ML利用上の注意点として、MLに投稿したメールは登録メンバ全員に配布されることが挙げられます。例えば、特定の相手に返信したつもりがMLのアドレスを含んだ送信先にメールを送ってしまい、意図せずに余計なメールを送ってしまうことがあります。秘密の情報を送ってしまったら、情報漏洩に繋がります。また、ウイルス付きのメールが投稿されてしまうと、個別のメールよりも被害が大きくなります。受け取り側の立場でもそのようなメールが届く可能性があることを気に留めておく必要があります。たくさんの人が参加するMLでは特に注意が必要です。

　MLを作成するにはMLサーバを構築し運用しますが、インターネット上のサービスとしてMLサーバを運用してユーザにMLを提供するサービスもあります。このサービスを用いればユーザは簡単にMLを作成することができます。MLを作成する場合には、以下のような手順を踏

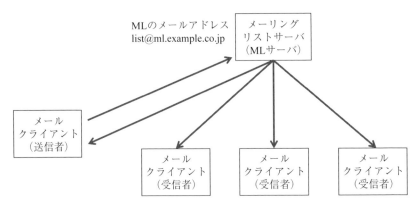

〔図3-8〕MLの仕組み

みます。

- メーリングリスト名の決定、メールアドレスの決定
- 管理者の決定と登録
- メンバの登録
- （必要に応じて）各メールアドレスの権限（受信のみ可能／送信のみ可能／送受信ともに可能）の設定

ML を運用する場合、次のような管理をする必要があります。
- 日常的な管理：メールの配信状態の確認
- メンバの管理：メンバ登録／削除／メールアドレス変更、配送の休止、再開
- メールの管理：エラーメールや不適切なメール（スパムメール等）への対応

他にも ML の目的によっては、メール開封率を上げるための施策やファシリテーションによる ML の活性化を図ることもあります。

3.2.4. SNS
SNS（Social Networking Service）は、登録ユーザが互いに交流できる会員制のサービスです。ML も参加者交流のための仕組みですが、最近は ML よりも SNS の方が広く使われるようになってきました。SNS は友人や地域のコミュニケーションに用いられることやインターネット上でのつながりを形成することに使われています。会社や組織の広報としての利用も行われています。LINE や Facebook、LinkedIn、WeChat などが代表例として挙げられます。
SNS には以下のような機能があります。
- プロフィール作成：プロフィール情報や写真を掲載
- 文章、写真を公開：公開範囲を設定した情報発信
- コメントを付与：人の投稿に共感（いいね！）やリアクション
- グループを作成：共通の趣味や目的の集まりとして、公開範囲を設定

- メッセージ：個人間でのメッセージやチャット
- 友人を紹介：フォロワー、友達の友達
- 友人の招待：招待を受けた人だけがメンバとして参加
- ソーシャルゲーム、アプリケーションによる機能拡張

　SNS を包含するサービスとして、ソーシャルメディアがあります。ソーシャルメディアは個人が情報を発信し、また発信された情報を受信する媒体です。SNS はユーザがコミュニケーションを取り合うことを目的としたソーシャルメディアとして、区別されることがあります。SNS 以外のソーシャルメディアとしては、Twitter を含むブログや Youtube、Tiktok などの動画共有サービス、Flickr や Instagram のような写真共有サービスがあります。ソーシャルメディアは広告や販売促進にも用いられており、ソーシャルメディアマーケティングとして、企業の認知拡大、ブランディング、コンバージョン（行動喚起）にも利用されています。

　ソーシャルメディアは便利に使える一方で、情報流出、プライバシーや個人情報の侵害、フェイクニュース、炎上、誹謗中傷といった社会問題も発生しています。これらはソーシャルメディアが持つ匿名性、秘匿性、拡散性や現実世界との乖離といった特性に基づいており、闇の側面とも考えられます。SNS、ソーシャルメディアを利用する際には、使い方によっては危険がはらむことも意識しておく必要があります。

実習 3-3
　ソーシャルメディアを利用するときに気を付けなければいけないことを、仕組み上の理由と絡めて、説明せよ。

3．2．5．WWW

　WWW を用いると、IP ネットワーク上の Web サーバで公開される Web ページにアクセスして、情報を閲覧したり、さまざまなサービスを受けたりすることができます。Web ページはハイパーリンクで繋がっていて、順に辿ることができます。リンクをたどって様々な Web ペ

ージにアクセスすることを波乗り（Wave Surfing）に掛けてネットサーフィンと呼んでいます。WWW は、1989 年に欧州原子核研究機構（CERN）の Tim Berners-Lee が「Information Management: A Proposal」を執筆し、これが WWW の発明と言われています。その後の発展については図 3-9 を参照してください。

　WWW を用いたサービスには、企業や団体、個人のホームページと呼ばれる紹介ページ、ショッピングサイト、ネットオークション、電子掲示板、ブログ、ソーシャルメディア、ゲームなどがあり、スマートフォン向けアプリのサーバ連携の仕組みも提供されています。

　WWW を利用するには、端末側では Web ブラウザを用います。Web ブラウザは Web サーバに接続して、コンテンツを取得し、表示するアプリケーションです。接続先は URL で指定しますが、ダウンロードするコンテンツは HTML（HyperText Markup Language）や文書、画像ファイルなどであり、コンテンツの種別に合わせて Web ブラウザが解析して表示します。Web ブラウザ上では JavaScript などで記述されたプログラムを動作させることもできます。代表的な Web ブラウザとしては、Google Chrome、Mozilla Firefox、Apple Safari、Microsoft Edge、Internet Explore、Opera 等があります。

1989 欧州原子核研究機構（CERN）のTim Berners-LeeがInformation Management: A Proposalを執筆（WWWを発明）

1990 WorldWideWeb: Proposal for a HyperText Projectを発表
NeXTコンピュータ上にブラウザWorldWideWebとサーバCERN httpdを構築

1992 イリノイ大学米国立スーパーコンピュータ応用研究所（NCSA）のMarc Andreessenがブラウザ Mosaicを開発（画像の取扱い）、ソースコードを公開

1993 CERNがWWWを無料開放

1994 Tim Berners-Leeがマサチューセッツ工科大学（MIT）で、World Wide Web Consortium（W3C）を設立→WWWの仕様、指針、標準技術を策定・開発

1996 HTTP/1.0がRFC1945として公開

1997 HTTP/1.1の初版がRFC2068として公開（RFC7230～7235に後に改訂）

2004 WHATWG（Web Hypertext Application Technology Working Group）がApple、Mozilla、Opera の開発者により設立→HTMLと関連技術の開発

〔図 3-9〕WWW の歴史

　一方、アクセスされる側の Web サーバは HTTP（HyperText Transfer Protocol）[15] に従って、Web ブラウザからの要求に応じて HTML やオブジェクト（文書や画像などのファイル）を提供します。クライアントである Web ブラウザと複数のコネクションを張り、並列にファイル転送することで高速化も図られています。また、サーバでは CGI スクリプトや Java Servlet などのプログラムを用いて動的処理も実現されます。Web サーバの代表例としては、Apache HTTP Server、Microsoft IIS、nginx が用いられています。Web サーバについては、7.4 節で詳しく説明します。

　WWW を構成する主要 3 技術（URL、HTTP、HTML）について、詳しく説明します。これらは IETF、W3C、WHATWG（Web Hypertext Application Technology Working Group：HTML と関連技術の開発をするためのコミュニティ）という標準化団体で標準化が進められています。

- URL：IETF、WHATWG で標準化
- HTTP：IETF で標準化
- HTML：W3C、WHATWG で標準化

　URL は、IP ネットワーク上のリソースの場所を表します。例えば、

　https://www.example.com/profile/index.html

のように表記されます。ここで、「https://」がスキームを表し、「https」というプロトコルで通信することを表現しています。「www.example.com」がドメインです。また「/profile/index.html」は Web サーバ上でのディレクトリとファイル名を示しています。また、URL には

　https://www.test.co.jp:8080/index.html#jump

のようにサーバのポート番号「8080」を含めたり、フラグメントというファイル上の表示位置「#jump」を含めたりする記述もできます。

　HTTP は、WWW の通信プロトコルです。リクエストレスポンス型のプロトコルで、Web ブラウザからのファイル取得要求に対して、図 3-10 のように Web サーバが応答します。デフォルト（設定しない状態）ではポート番号 80 を利用します。また、HTTP ではサーバはクライア

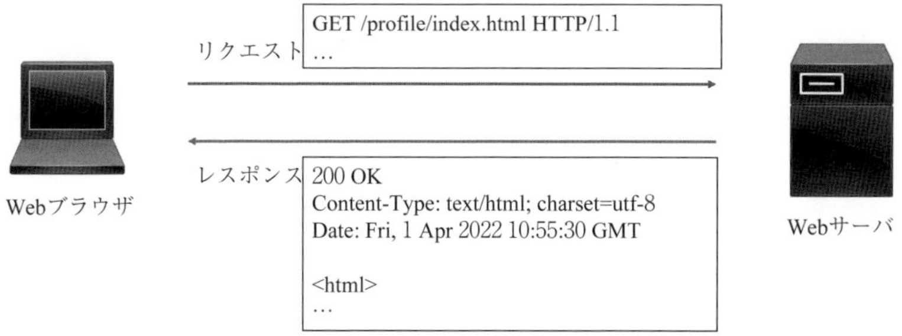

〔図 3-10〕HTTP によるアクセス

ントアクセスの状態を保持しないため、Cookie（Web ブラウザに情報保存した情報をリクエスト時に送信し、ユーザ識別やセッション管理などを行う）を用いて状態管理します。

HTTP1.1（HTTP の 1.1 版）では、実行したいアクションを示すリクエストメソッドとして以下のものが用いられます。

- GET　　　　　URL で示されたリソースを取得
- HEAD　　　　GET で返されるヘッダ情報を取得
- POST　　　　データを送信
- PUT　　　　　リソースを作成、変更
- DELETE　　　リソースを削除
- CONNECT　　サーバとの通信を確立
- OPTIONS　　通信オプションを指定
- TRACE　　　送信したメッセージを確認

HTTPS（HyperText Transfer Protocol Secure）[16] では、暗号化された転送レイヤの SSL/TLS（Secure Socket Layer / Transport Layer Security）[17] を用いることで、送受信を暗号化し、通信経路上で盗み見をされないようにします。最近では、HTTPS 通信でないと Web ブラウザが警告を発することもあります。

HTML は、ハイパーテキストを記述（ハイパーリンク、マルチメディアを埋め込み）する言語です。ドキュメントの抽象構造（見出し、段落）

を表現でき、フォントや文字色の指定もできます。もともと静的な文書を表現する HTML に対して、ダイナミック HTML として CSS（Cascading Style Sheets）や JavaScript などのプログラミング言語を用いて動的に文書を変更することができるようになりました。DOM（Document Object Model）を用いて HTML 文書を制御することができ、HTML アプリケーションやダッシュボードとしてブラウザ上でアプリケーションを実行することもできます。HTML5[18] は HTML の第 5 版で、2014 年 10 月 28 日に W3C 勧告として発行されました（現在は WHATWG で改版された HTML Living Standard が HTML の標準規格となっています）。HTML5 は Web アプリケーションのプラットフォームとしての利用ができます。特にマルチメディアの再生がネイティブサポートされて従来用いられていたプラグインが不要となり、様々な API（Application Programming Interface）が追加されて JavaScript によるプログラミングを強化し、CSS3 の利用による高度なスタイルが実現できるようになりました。

　会社や学校などの組織では、内部のネットワークから外部のインターネットへアクセスする際に図 3-11 のようにプロキシサーバが用いられることがあります。プロキシサーバは代理サーバとも呼ばれ、インター

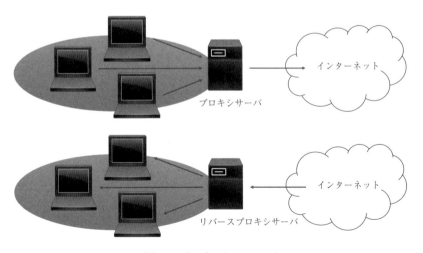

〔図 3-11〕プロキシサーバ

ネット上のサーバへのアクセスを一旦プロキシサーバが中継します。頻繁にアクセスされる URL のコンテンツキャッシュをプロキシサーバが保持することで高速なアクセスが実行されるとともに、アプリケーション・ゲートウェイとして動作し、アクセス先の URL のチェックを行ったり、ダウンロードされるファイルのウィルスチェックを行ったりして安全な通信が行われます。また、外部に WWW を公開する場合にはリバースプロキシが用いられます。リバースプロキシは、外部ネットワークからの接続要求を中継して内部に接続する代理サーバで、応答を複数のサーバで分担して負荷分散を行ったり、内部サーバへの直接アクセスを防止し安全性を確保したりすることに用いられます。

　また WWW サーバを不正アクセスから守るためにアプリケーション・ゲートウェイとして、WAF（Web Application Firewall）が用いられます。WAF は IP アドレスやポート番号等の情報ではなく、アプリケーションで利用するデータを参照し、通信制御（許可・ブロック）を行います。Web アプリケーションの脆弱性に対する攻撃と想定される通信を切断することもできます。

実習 3-4

　Web ブラウザを使ってさまざまな Web サイトを巡回し、どのようなサービスが WWW で実現されているかについて確認せよ。

3.2.6. マルチメディア配信

　インターネットの普及と通信帯域のブロードバンド化に伴い、映像や音楽といったマルチメディアコンテンツを配信するサービスが一般的になってきました。動画配信サービスでは、PC だけでなくスマートフォンやインターネットに接続したテレビでも映像を受信し視聴できるようになっています。

　マルチメディアコンテンツの配信では、図 3-12 のように HTTP を用いてコンテンツ全体をサーバから端末に転送して再生する方式（ダウンロード方式）を取ることもできますが、一般的に映像ファイルをはじめ

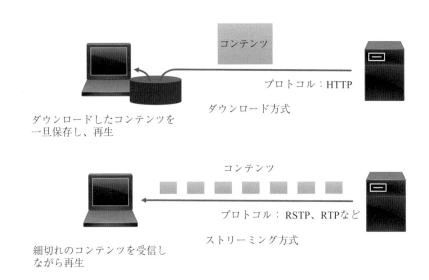

〔図3-12〕ダウンロード方式とストリーミング方式

とするマルチメディアコンテンツは文書ファイル等に比べて大容量であり、ファイル全体をダウンロードするには時間がかかります。またダウンロードされたコンテンツが端末に残るため、著作権管理者からは問題視されることもあります。そこで、映像ファイルのデータを細切れにしてサーバから端末に配信し到着したデータを順に再生する方式（ストリーミング方式）が用いられます。

　ストリーミング方式では、データが一定時間間隔以内に届かないと再生するデータがなくなるため、再生途切れが発生します。そこで、端末に一定量のデータが蓄えるバッファリングを行います。このデータが蓄えられるメモリをバッファと呼びます。バッファリングは、ネットワークの混雑などに起因するデータの到着遅延や転送速度の低下による映像再生の途切れを防ぐことができます。ストリーミング伝送用のプロトコルとして RTSP（Real Time Streaming Protocol）[19] があります。RTSP は動画や音声の URL や制御情報（再生の開始、停止など）を伝送します。データ本体であるコンテンツは RTP（Real-time Transport Protocol）[20] で送

信します。RTSP は TCP を用い、RTP は UDP を用います。

　一方、ダウンロード方式でもデータが全てダウンロードされるのを待たずに、ダウンロードしながら再生するプログレッシブダウンロード方式があります。プログレッシブダウンロード方式では、ストリーミング方式と比べると HTTP を用いるためネットワーク経路上の汎用性が高く、専用のストリーミングサーバが不要であるという特徴があります。

　また最近では、HTTP を用いたストリーミング方式が開発され、広く用いられています。HLS（HTTP Live Streaming）は Apple が開発した HTTP ストリーミングプロトコルです。HTTP を用いてプレイリストとセグメントと呼ばれるデータの細切れをサーバから端末に送信し、端末ではプレイリストに従い受信したセグメントを再生します。通信環境に合わせてビットレートを選択するアダプティブビットレートもサポートしています。オンデマンド配信とライブ配信に対応しており、HTTPS による暗号化やユーザ認証もできます。Web サーバで配信ができるので専用のサーバは不要です。同様の規格として、Microsoft Smooth Streaming や Adobe Dynamic HTTP Streaming があります。

　このような HTTP を用いたストリーミング方式は、MPEG（Moving Picture Experts Group（ISO/IEC JTC 1/SC 29/WG 11））で国際標準化され、MPEG-DASH（MPEG Dynamic Adaptive Streaming over HTTP）[21] として規格化されています。MPEG-DASH では、プレイリストをマニュフェストファイルと呼びます。画面サイズやビットレートが異なるコンテンツ群のセグメントファイルを通信状態に合わせて配信することで、適応的なストリーミングが実現できます。

　HTTP を用いたマルチメディア配信では、コンテンツの受信、再生に Web ブラウザを用いることができます。HTML5 ではマルチメディアコンテンツの再生ができるようになっており、JavaScript でメディアストリームを操作できるようにした MSE（Media Source Extensions）によって、アダプティブストリーミングやメディアの切り替え再生（広告挿入）、タイムシフト、ビデオ編集などができるようになりました。また、DRM（Digital Rights Management）と接続し Web ブラウザ上でコンテン

ツ 保 護 さ れ た 動 画 等 を 視 聴 可 能 と す る EME（Encrypted Media Extensions）も利用できます。

　一方、マルチキャスト通信を用いてマルチメディア配信をすることもできます。マルチキャストを用いると1対多の通信ができるので、たくさんの端末で同時に視聴するライブ配信ではサーバリソースや通信帯域を大きく確保する必要がありません。しかしながら、マルチキャストを受け付けないルータが経路上に存在するとコンテンツの配信ができません。マルチキャストは、主にネットワーク全体が管理された閉域IP網（例えばフレッツ網などの事業者網）で用いられます。ITU-Tで国際標準化されているIPTVは、一定のQoS（Quality of Service）／QoE（Quality of Experience）を確保したマルチメディア配信サービスと定義されており[22]、マルチキャストを用いたテレビサービスを実現しています。

　配信される映像や音声のファイルフォーマットについて説明します。ファイルフォーマットとはデータの形式のことです。映像は動画像と音声を同期して再生しますが、動画と音声は別々の方式で圧縮符号化されます。この動画と音声を一緒に配信するため、まとめる箱のようなフォーマットが必要です。このフォーマットをコンテナと呼びます。また、動画や音声の圧縮符号化方式をコーデックと呼びます。

　代表的なコンテナとコーデックの例を図3-13に示します。

　メディアの再生を精緻に同期させるためにTTS（Timestamped

コンテナ	コーデック
MPEG-2 TS MPEG-4（MP4） ASF AVI QuickTime（MOV） Flash Video（FLV） WebM	動画： MPEG-2/H.262 H.264/MPEG-4 AVC H.265/HEVC H.266/VVC 音声： MPEG-1 Audio Layer-3（MP3） MPEG-4 AAC MPEG-4 ALS

〔図3-13〕コンテナとコーデック

Transport Stream）を用いることができます。TTS では、TS（Transport Stream）パケットの先頭4バイトにタイムスタンプ情報（時刻情報）を付加し、時刻に合わせてメディアを同期再生します。また複数の端末間で時刻同期してコンテンツ再生する仕組みとして、MMT（MPEG Media Transport）[23] を用いることもできます。

　さまざまなコンテンツを画面上に組み合わせて表示したり、時間軸で切り替えて表示したりするマルチメディアコンテンツを構成するには、W3C 勧告となっている SMIL（Synchronized Multimedia Integration Language）[24] という記述言語を用いることができます。

　複数の端末にまたがってメディアを再生するマルチスクリーンという再生方法では、例えばスマートフォンで検索した動画を大画面テレビで視聴するなど、ネットワークを経由して他の機器で映像や音楽を楽しむことができます。マルチスクリーンの規格としては、Miracast（Wi-Fi Alliance）、WiDi（Intel）、Chromecast（Google）、AirPlay（Apple）などがあります。

実習 3-5
　Web ブラウザを使って、動画配信サイトから HTTP ストリーミングで動画が配信される様子を確認せよ。

3.2.7. リモートアクセス

　IP ネットワークを経由して、他の端末に接続し操作を行うサービスをリモートアクセスと呼びます。リモートアクセスのツールとして以下のようなものが利用可能です。

- リモートデスクトップ：専用アプリケーションを用いて GUI（Graphical User Interface）でデスクトップ環境を操作する方法です。PC では、Windows の RDS（Remote Desktop Service ／リモートデスクトップ）、MacOS の ARD（Apple Remote Desktop）や画面共有が用いられます。UNIX 系の OS では、6.3.1 節で説明する X11 を用いることが一般的です。他にもアプリケーションソフトウェアとして提供される VNC（Virtual Network Computing）、TeamViewer、Citrix などがあります。

- リモートログインコマンド：UNIX系OSでは、telnetという通信プロトコルを用いて、他の端末に遠隔地からログインすることができます。コマンドラインから操作します。認証を含め全ての通信を暗号化せず平文で送信するため、最近ではセキュリティ上の懸念から通信路を暗号化するSSH（Secure Shell）[25] に置き換わっています。
- Web管理画面：厳密にはリモートアクセスとは異なりますが、データの入力、取得等のサービス運用業務やWebサーバやその他のサーバの設定変更をはじめとするシステム管理業務を実行するユーザインタフェースであるWeb管理画面を使った仕組みが用いられます。Webブラウザだけで実行でき、必要な機能に絞って遠隔操作ができるため、さまざまなシーンで用いることができます。

　一方、ファイルを遠隔処理する手法として、ファイル共有とファイル転送の仕組みがあります。ファイル共有は、ファイルサーバに保管されたファイルを複数の端末からアクセスし、共有する仕組みです。ファイルの一元管理やバックアップファイルの保管等に用いられます。ファイル共有のプロトコルには、UNIX系システムで利用されるNFS（Network File System）、Windowsネットワークで利用されるSMB（Server Message Block）、MacOSで利用されるAFP（Apple Filing Protocol）があります。また、HTTPを用いたWebDAV（Web-based Distributed Authoring and Versioning）[26] もよく利用されます。

　Webサーバへのコンテンツ配置やソフトウェアの配布などにファイル転送が用いられます。ファイル転送には、FTP（File Transfer Protocol）[27] というUNIX標準でインターネット初期から存在するプロトコルが用いられます。FTPはtelnetと同様にコマンドラインから遠隔の端末にログインし、ファイルをダウンロードしたりアップロードしたりすることができます。FTPでは、TCPの21番ポートを制御用チャネル、20番ポートをファイル転送用データチャネルに用います。FTPのシーケンスを図3-14に示します。

　また、FTPでログイン後に用いられるコマンドを図3-15に示します。インターネット上にはFTPを用いてフリーソフトウェアの配布を行

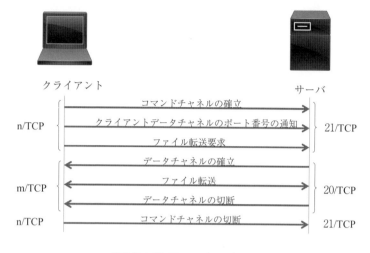

〔図3-14〕FTPのシーケンス

ls	FTPサーバ側のディレクトリにあるファイルの一覧表示
cd	FTPサーバ側の現在のディレクトリの移動
lcd	端末側の現在のディレクトリの移動
get	端末からFTPサーバに対して、1つのファイルをダウンロード
mget	端末からFTPサーバに対して、複数のファイルをダウンロード
put	端末からFTPサーバに対して、1つのファイルをアップロード
mput	端末からFTPサーバにして、複数のファイルをアップロード
binary	転送モードをbinaryモードに変更
ascii	転送モードをasciiモードに変更
delete	FTPサーバ側の1つのファイルの削除
mdelete	FTPサーバ側の複数のファイルの削除
mkdir	FTPサーバ側にディレクトリを作成
rmdir	FTPサーバ側のディレクトリの削除
rename	FTPサーバ側にあるファイルの名前変更
!<command>	ローカルマシンのコマンド操作を行う
bye, quit	FTPサーバとの切断

〔図3-15〕FTPのコマンド

う Anonymous FTP サーバがあります。Anonymous FTP サーバにアクセスする場合は、ユーザ ID として「anonymous」を入力し、マナーとしてパスワードに自分のメールアドレスを入力して利用します。最近ではWWW でのソフトウェア配布に置き換わってきています。

　なお FTP も平文で認証を実施するため、認証を SSL/TLS で保護した

FTPS や SSH の仕組みを利用した SFTP（SSH File Transfer Protocol）が用いられるようになってきています。

実習 3-6

　任意の FTP サーバに FTP を使って接続し、ファイルをダウンロードせよ。

　7.3 節では、FTP サーバを構築した実習を行います。

3.3. 情報セキュリティ

3.3.1. 情報セキュリティ

　インターネット上で情報をやり取りする環境が簡単に準備でき、PCや
スマートフォンをはじめ、さまざまな機器が接続されて便利なサービスを
享受できるようになってきましたが、その一方で知らない人に情報が知ら
れたり、機器がネットワーク越しにさまざまな攻撃を受けたりする危険性
が高まっています。情報セキュリティは情報資産を守るもので、機密性、
完全性、可用性の3要素を確保することと定義されます。情報の機密性と
は情報へのアクセスを認められた人だけがその情報にアクセスできる状
態を確保すること、情報の完全性とは情報が破壊、改竄または消去されて
いない状態を確保すること、情報の可用性とは情報へのアクセスを許可さ
れた人が必要な時に中断なくその情報にアクセスできる状態を確保する
こと、です。言い換えると、機密性は情報漏洩を防ぐこと、完全性は情報
改竄を防ぐこと、可用性は情報利用を維持することと言えます。

3.3.2. 脅威

　情報セキュリティ上の脅威として、コンピュータウイルスをはじめと
するマルウェア（Malicious Software）の感染があります。ウイルスは電
子メールの開封やWebページの閲覧によってコンピュータに侵入する
悪意のあるプログラムです。ウイルスは、コンピュータ内のファイルに
感染、あるいは他のコンピュータを感染させる自己増殖を起こし、スパ
イウェア（Spyware）と呼ばれるウイルスは大事なデータを外部送信し情
報漏洩させます。また、ボットウイルス（bot virus）によるボットネット
化により他システムへの攻撃の踏み台となったり、外部からコンピュー
タを操作できるようにするバックドアを作成されたりすることもありま
す。ファイルの消去や書き換えによりコンピュータシステムを破壊した
り、あるいはメッセージや画像を表示するいたずらを行ったりと、さま
ざまな意図しないことを行います。身代金を要求するランサムウェア
（Ransomware）もあります。

　本来アクセス権限を持たない者が、サーバや情報システムの内部へ侵

入を行う行為を不正アクセスと言いますが、OSやアプリケーションの脆弱性、設定の不備などを調べて攻撃が行われます。Webサーバが不正アクセスされると、全く関係のない画像を貼り付けられたり、ウィルスを配布するように仕向けられたりする例があります。またファイルの改竄やコンピュータから情報を盗むといった行為も不正アクセスの例です。

攻撃の例としては、大規模なDDoS（Distributed Denial of Service attack）攻撃により大量のサービス要求のパケットを送りつけ、相手のサーバやネットワークに過大な負荷をかけ使用不能にする攻撃があります。また、Webサーバに対して悪意を持った攻撃者が特殊な文字列を入力しWebアプリケーションに本来あり得ない動作をさせて、データベースに保存されているデータを盗み出すSQLインジェクションという攻撃手法があります。

攻撃の準備として、外部から特定のデータをポートごとに送信して、それに対応する応答により、ネットワークに接続されているサーバ上の稼働サービスを把握するポートスキャンが行われます。ポートスキャンで取得できる情報として、開いているポート番号、閉じているポート番号、ファイアウォールによってフィルタリングされているポート情報、開いているポートで稼働しているサービス（HTTPやFTPなど）の情報、開いているポートのサービスに関する情報（バージョン）などがあります。

また、スパムメールという利用者が送信を要求していないのにも関わらず、勝手に送りつけてくる無差別かつ大量の電子メールは、いわゆる迷惑メールとなり、悪質なものはワンクリック詐欺を引き起こします。

3.3.3. セキュリティ対策
攻撃は、コンピュータソフトウェアの脆弱性を突いて行われます。脆弱性とは、ソフトウェアの不具合や設計上のミスが原因となって発生した情報セキュリティ上の欠陥でセキュリティホールとも呼ばれます。脆弱性を塞ぐ対策としては、ソフトウェアの最新化（アップデート）が欠かせません。最新化を心掛けていても、メーカが修正プログラムを配布するまでの間に、その脆弱性を利用して行われるゼロデイ攻撃と言われる攻撃にも注意が必要です。また、サポート期間が切れたソフトウェアは

脆弱性が発見された場合も修正されないことを意識しておきましょう。

　ウィルスの侵入を防ぐには、ウィルス対策ソフトウェアを導入することですが、ウィルス検知用のデータの最新化も忘れずに実施することが必要です。万が一、端末がウィルスに感染してしまった場合あるいはウィルス感染の可能性がある場合は、即座にネットワークから切断（Wi-Fiもオフ）し、ウィルス駆除を行うことが重要です。

　最近、公衆無線 LAN が普及し、街中でフリーに接続できる Wi-Fi が増えてきました。無線 LAN への接続時には、暗号化方式によっては通信内容を傍受、盗聴されることに注意が必要です。無線 LAN に接続するための SSID（Service Set Identifier）を偽る、アクセスポイントのなりすましにも注意しましょう。無線 LAN を設置する場合には不正利用されることに気をつけ、接続パスワードや管理アカウントの情報を SSID から類推されるものにしないことや、MAC アドレス認証の導入や SSID のステルス化も検討しましょう。

　内部ネットワークへの不正アクセスを防止するにはネットワークの入り口にファイアウォールを設置して、外部からの不正なパケットを遮断したり許可したパケットだけを通過させたりします。ルータや専用機器によるパケットフィルタリングでは、通過または遮断するパケットに対する詳細なルールを設定します。またパケットをチェックして不正アクセスと判断されるときには管理者に連絡する IDS（Intrusion Detection System ／侵入検知システム）やさらに不正パケットを自動的に遮断する IPS（Intrusion Prevention System ／侵入防止システム）を導入することもできます。アプリケーションレベルの不正アクセス防止対策には、アプリケーション・ゲートウェイが用いられますが Web サーバの公開に合わせて WAF の導入を検討することも必要です。また PC の不正アクセス対策として Windows Defender や MacOS ファイアウォールがアプリケーションレベルのファイアウォールとしての役割を果たしています。ウィルス対策ソフトにも同様の機能を提供するものがあります。

　不正アクセスに備え、システム管理においてはデータ保全のため定期的にデータのバックアップを取ることが推奨されます。情報漏洩時の確

認にも役立ちます。また、コンピュータに記録されるログ情報を一定期間保存し、そのログを定期的に確認することも重要です。認証や操作、通信に関するアクセスログ、イベントやエラーの発生、設定変更などを記録したシステムログを確認することで、システムの利用状況の把握ができ、不正アクセスのチェックに役立ちます。また、不正利用のチェックから内部統制に用いることもあります。

実習 3-7
　自分の PC で実施しているセキュリティ対策について確認せよ。

3.3.4．認証

　認証は、システム利用時にそのシステムを利用しようとしているのが本人であることを確認することです。認証方法にはパスワードを用いるパスワード認証が一般的ですが、指紋や光彩、顔、静脈といった生体情報で認証する生体認証もよく用いられるようになってきました。2段階認証は、パスワードに加え、秘密の答えのような本人だけが知っていることをもう一つの認証として行うことで認証を強化する方法です。また本人だけが持っているもの、本人の特性・属性といった複数の手段を組み合わせた多要素認証も用いられています。

　ネットワーク接続されたシステムで、一度システムの利用開始時にユーザ認証を行うと、その認証に紐付けられているシステムでの追加認証が必要ないシングルサインオン（SSO：Single Sign-On）という仕組みがあります。ソーシャルメディアの認証機構を利用したソーシャルログインも一般的になってきています。SSO の方式には、クライアント PC 上のエージェントが認証を代行する代行認証方式、リバースプロキシ（中継サーバ）で認証するリバースプロキシ方式、Web システムのエージェントが認証するエージェント方式、SAML（Security Assertion Markup Language）を用いて IdP（Identity Provider）経由で認証する SAML 認証方式があります。

　ここで電子メールでの認証について説明します。電子メールの受信時には POP3 や IMAP でユーザ認証が行われますが、送信時の認証は必須

ではありません。これは、もともとメールサーバでクライアントからの
メール送信時と他のメールサーバからのメール中継時にSMTPで同じ
ポート番号25を用いるためです。メール送信時に認証が必要ないので
送信元を偽り、スパムメールなどの迷惑メールを送る不正行為が容易に
行えてしまいます。そこで、メールを送信する前にメール受信（POP3
でのログイン）を要求するPOP before SMTPが用いられるようになりま
したが、さらに強力な方式としてメール送信専用のサブミッションポー
トと呼ばれるポート番号587（SSL/TLS接続の場合は465）を用いて、
SASL（Simple Authentication and Security Layer）メカニズムを利用した認
証機構であるSMTP-AUTHが用いられるようになっています。また、
メールサーバへの接続を自ドメインのネットワーク以外からは受け付け
ないようにするOP25B（Outbound Port 25 Blocking）が主にISPが提供す
るプロバイダメールで用いられています。

３．３．５．暗号化

　安全な通信を確保するために、通信情報の暗号化を行います。暗号方
式として、１つの鍵で暗号化と復号化を行う共通鍵暗号と秘密鍵と公開
鍵を暗号化と復号化に用いる公開鍵暗号があります。

　共通鍵暗号では事前に送受信者が同じ鍵を持っている（同じパスワー
ドを知っている）ことで、例えば暗号化したファイルの送受信ができ、
通信経路上で盗み見されても情報漏洩しないといった使い方ができま
す。ただし、鍵を受け渡す過程で鍵が第三者に知られてしまうと情報が
漏れてしまうというリスクが存在します。

　公開鍵暗号は、鍵の受け渡しの問題を解決した方式です。公開鍵暗号
では以下の手順で暗号化と復号化を行います。暗号化と復号化で公開鍵
と秘密鍵が逆に用いられる場合もあります。

　１．情報の受信者が公開鍵を送信者に伝える
　２．送信者は公開鍵を使ってメッセージを暗号化する
　３．暗号化されたメッセージは、受信者しか持たない秘密鍵でのみ復
　　　号化できる

　暗号化通信を行う SSH には、安全な通信路を確保するためのトランスポート層プロトコル[28]、ユーザが正しいか確認するユーザ認証プロトコル[29]、実際のメッセージを送信するコネクションプロトコル[30]があります。

　トランスポート層プロトコルでは暗号化通信路を確立するために、暗号化方式や認証方式などの情報をクライアントとサーバで決定しますが、その情報交換に当たってクライアントは正しいサーバと接続しているかを確認するホスト認証を行います（図3-16）。ホスト認証では、サーバがホストキーと呼ばれるサーバ固有の秘密鍵と公開鍵を保有していることを用います。クライアントから認証要求があるとサーバはホストキーの公開鍵をクライアントへ送付します。クライアントは受け取った鍵でランダムなデータを暗号化してサーバへ送り返します。サーバは送られてきたデータをホストキーの秘密鍵で復号化しそのデータのハッシュ値（フィンガープリント）を求めます。ハッシュ値とは、データから特定の固定長のデータを求めるハッシュ関数により求められた値のことです。サーバで求めたハッシュ値をクライアントに送ると、クライアントでも同じハッシュ関数を用いて元のデータからハッシュ値を求め、サーバから送られてきたハッシュ値と比較します。ここで、2つのハッシュ値が同一ならば、サーバで同じ組の公開鍵と秘密鍵が使用されたことが分かります。クライアント

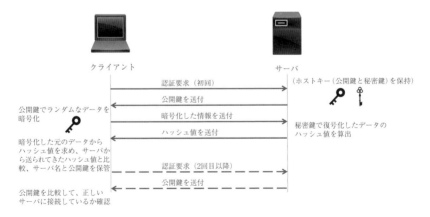

〔図3-16〕SSH による公開鍵暗号を用いたホスト認証

はサーバの名前と公開鍵の組を保存しておきます。次回の接続時からは、サーバから送られてくる公開鍵とクライアントに保存されたそのサーバの公開鍵が一致すれば、正しいサーバに接続していると判定できます。

　次にユーザ認証プロトコルについて説明します。SSH でのユーザ認証はパスワード認証でも行えますが、図 3-17 のような公開鍵暗号を用いる方法が用いられています。サーバに接続したいユーザは公開鍵と秘密鍵を保有していることが前提で、事前にサーバに公開鍵を登録しておきます。クライアントではユーザ名、公開鍵等からなる認証要求メッセージを作成し、秘密鍵でその電子署名を作成します。認証要求メッセージと電子署名をサーバに送付すると、サーバでは、事前に登録されたユーザの公開鍵と送付されてきた公開鍵が一致することと、公開鍵を使って電子署名が正しいことを確認します。これにより、クライアントで秘密鍵が保有されており、正しいユーザから接続されたことが分かるので、認証が成功します。

　WWW での SSL/TLS を用いた HTTPS では、サーバ証明書を使って、正しいサーバと接続していることを確認できます。サーバ証明書は Web サイトの運営者が実在することを確認した認証局（CA：Certificate Authority）が発行する電子証明書です。CA は信頼できる第三者機関であり、サーバ証明書の発行申請があると Web サイトの運営者の住民票

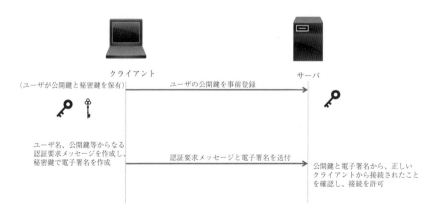

〔図 3-17〕SSH による公開鍵暗号を用いたユーザ認証

や会社の代表電話番号経由の在籍確認などを通して運営者本人であることを確認します。確認後、CA は公開鍵と秘密鍵の組とサーバ証明書を発行します。CA が申請者の実在証明をして、申請者だけが秘密鍵を保有し、公開鍵を証明書とともに公開することができるようにする仕組みを公開鍵基盤（PKI：Public Key Infrastructure）と呼びます。

　図 3-18 のように、Web ブラウザ（クライアント）から HTTPS で Web サーバに接続すると、サーバはサーバ証明書と公開鍵をクライアントに渡します。クライアントではブラウザに登録されている認証局の証明書であるルート証明書を用いて、サーバから受け取ったサーバ証明書を検証し、認証局から発行された正しいサーバ証明書であることを確認します。これにより、クライアントは正しいサーバと通信していることが担保されます。次にクライアントはサーバクライアント間で暗号化通信するための共通鍵を生成し、サーバから受け取った公開鍵で暗号化してサーバに送付します。サーバは秘密鍵で共通鍵を復号化できるので、この共通鍵を使って暗号化通信をすることができます。

実習 3-8

　HTTPS で Web サイトにアクセスし、その Web サイトのサーバ証明書の発行所（CA）を調べよ。

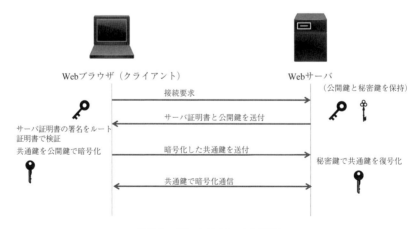

〔図 3-18〕HTTPS での通信

実習のヒント

実習 3-1

Windows 10 では「設定」→「時刻と言語」→「日付と時刻」から、MacOS X では「システム環境設定」→「日付と時刻」から、日付と時刻の自動設定について確認します。

実習 3-2

メールソフトの設定で、ヘッダ情報を表示して確認します。

実習 3-3、3-4

省略

実習 3-5

Web ブラウザのコンソールを開いて確認します。Chrome の場合、画面上を右クリックして「検証」を選択（あるいは、ハンバーガーメニューから「その他のツール」→「デベロッパーツール」を選択）し、「Network」を選び、セグメントが届く様子を確認します。

実習 3-6

コマンドライン（Windows はコマンドプロンプトや Power Shell、MacOS はターミナル）を立ち上げて、ftp を実行します（High Sierra 以降の MacOS は、ftp が標準ではなくなりましたので、sftp を使います）。社内、学内に設置されたサーバ（以下の例では ftp.example.com としていますが、実在しません）にアクセスし以下のようにコマンドを入力しファイルを取得します。

```
% ftp ftp.example.com
Connected to ftp.example.com.
220 FTP Server
Name (ftp.example.com:user1): user1
Password:<user1 のパスワードを入力＞
230 User user1 logged in
```

```
ftp> ls
200 PORT command successful
150 Opening ASCII mode data connection for file list
drwxr-xr-x   4 user1     users          512 Aug 16  2018 .
drwx---r-x  12 user1     users          512 Nov 17  2019 ..
-rw-r--r--   1 user1     users          532 May  2  2018 index.html
226 Transfer complete
ftp> get index.html
200 PORT command successful
150 Opening ASCII mode data connection for index.html (532 bytes)
226 Transfer complete
559 bytes received in 0.0154 seconds (35.4 kbytes/s)
ftp> quit
221 Goodbye.
```

実習 3-7
　省略

実習 3-8
　Web ブラウザの URL 表示部で鍵マークをクリックして、サーバ証明書を確認します。サーバ証明書は Web サーバごとに設定されるので、パスが異なっても同じ証明書で認証されます。

＜サーバ構築編＞

サーバの種類と仮想環境

本書の第1章〜第3章＜基礎編＞では、情報ネットワークとその構成やサービスについて学びました。第4章〜第7章＜サーバ構築編＞では、情報ネットワークにつながる主要なもう一つの要素である「サーバ」の構築方法や管理方法について学習します。

インターネットや携帯電話網（4G/5G）等のネットワーク、PC、スマートフォンといった端末機器の普及に伴い、情報ネットワークシステム（ネットワーク、サーバ）は社会に不可欠なインフラとなっており、これらのインフラを止めずにサービスを継続するため、サーバを正しく構築し管理することの重要性が高まっています。

４．１．サーバの機能、サーバの構成

クライアント・サーバモデル（図4-1）において、クライアントからの①要求（リクエスト）を受け取り、それに対応した処理を行い、②応答（レスポンス）を返すコンピュータやプログラムをサーバと呼びます。

3.1.1節で説明したクライアント・サーバモデルでは、サーバはデータベースを集中管理し、利用者に対する処理をクライアントが分担するなど、クライアントとサーバで処理を分散させることができます。またサーバを複数用意し冗長構成とし耐障害性を高め、大量のリクエストを複数台のサーバで処理させる負荷分散や、離れた地域に設置して地震等の災害対策を行う等、サーバ側の構成を工夫することで高信頼化や高性能化を図ることが可能です。

よく利用されるサーバの種類を図4-2に示します。ソフトウェアやハ

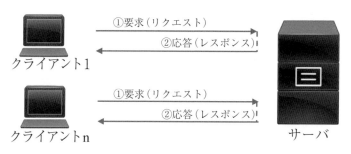

〔図4-1〕クライアント・サーバモデル

ードウェアの違いによって分類できます。

　代表的なサーバとして、Web サーバがあります。動的な Web サイトを実現する Web サーバは、LAMP と呼ばれるソフトウェアの組み合わせで構成されているものがあります（図 4-3）。LAMP とは、「Linux」、「Apache」、「MySQL(又は MariaDB)」、「PHP(又は Perl、Python)」のソフトウェアの頭文字をとった造語です。これらのソフトウェアはフリーで使用でき、開発コミュニティによってメンテナンスされているオープン・ソース・ソフトウェア（OSS: Open Source Software）です。7.4.6 節で、LAMP 構成のサーバ構築を行います。

• L：Linux（オペレーティングシステム）

　Linux は UNIX 系オペレーティングシステム (OS) の 1 つで、第 5 章

ソフトウェア（サービス）による分類	CPUアーキテクチャによる分類
メールサーバ	x86サーバ
Webサーバ	X86_64(AMD64)サーバ
ファイルサーバ	AArch64(ARM)サーバ
データベースサーバ	オペレーティングシステム（OS）による分類
アプリケーションサーバ	Linuxサーバ
プリントサーバ	Windowsサーバ
FTPサーバ	Unix (商用Unix)サーバ
DNSサーバ	形状による分類
DHCPサーバ	ラックマウント型サーバ
プロキシサーバ	タワー型サーバ
NTPサーバ（Timeサーバ）	ブレード型サーバ

〔図 4-2〕サーバの種類

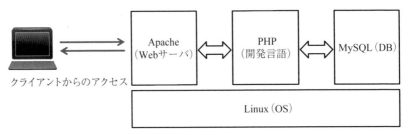

〔図 4-3〕LAMP のモデル

で詳細に説明します[31]。OS としての安定性、可用性が高く、高性能であること、ソースコードが公開されており脆弱性に対する修正プログラムの提供も迅速に行われていることなどから、サーバ用 OS として利用されています。

• A：Apache（Web サーバソフトウェア）
　Apache HTTP Server は OSS の Web サーバソフトウェアであり、誰もが無償で利用できるソフトウェアです。Linux 以外にも Windows や MacOS など複数の OS に対応しています。Web サーバとしての安定性が高く、大規模サイトから個人で運用する Web サーバにまで幅広く利用されています。数十年にわたってメジャーな Web サーバソフトとして利用され機能拡張が続けられており、数多くの機能拡張モジュールが提供されています。

• M：MySQL(又は MariaDB)（データベース管理ソフトウェア）
　MySQL はオープンソースで誰もが無償で利用できる関係データベース管理システム（RDBMS：Relational Data Base Management System）です（MariaDB は MySQL から派生した RDBMS です）。Linux 以外にも Windows や MacOS など複数の OS に対応しており、高速、高機能であることから小規模から大規模に至るシステムにまで利用されています。PHP や Python と連携し Web アプリケーションを開発することができます。

• P：PHP(又は Perl、Python)（開発言語）
　PHP は OSS のプログラミング言語です。データベースとの連携や HTML に埋め込んで使うことができるため、動的なページを生成する Web アプリケーションの開発に利用されています。Perl や Python はサーバサイドで動くプログラムの作成によく用いられるスクリプト言語です。

　Web サーバソフトウェアやデータベース管理ソフトウェアは、OS 上にプロセスとして常駐してそれぞれサーバとしてサービス提供をします。このようなソフトウェアをデーモン（daemon）プログラムと呼びます。

4．2．　オンプレミスとクラウド

　各種情報システムのサーバの設置場所や運用は以下の大きく2つに分類されます。

①オンプレミス

　使用者が物理サーバ（ハードウェア）を購入し、使用者が管理している施設内に設置して運用する使用形態（自社運用）です。

②クラウド

　クラウド事業者がインターネットでアクセス可能な場所（例えばデータセンタ）に物理サーバやストレージを設置し、利用者は必要なリソースやサービスを必要な分だけ借りて利用する使用形態です。通常物理サーバ上に仮想化基盤を構築し、利用者には仮想サーバが提供されます。クラウドコンピューティングとも呼ばれます。

　オンプレミスとクラウドの比較を図4-4に示します。

　クラウドはサーバを外部の環境に置く必要があり、セキュリティ面でのリスクから重要なシステムでは利用できないとされていましたが、最近ではクラウド利用のノウハウが確立され、自ら高価なサーバを購入す

	オンプレミス	クラウド
リードタイム （利用開始までの時間）	長い （調達、構築に時間がかかる）	短い （申込み後すぐ利用可能）
初期費用	高価 （必要な物・ソフトを利用者が購入）	安価 （必要な機能・量の利用料を払う）
月額費用	固定	変動（利用量に応じて変動）
インターネット接続環境	速度や構成を自由に設計可能	他の利用者と共有（一般的に高速）
カスタマイズの自由度	高い （但し、自社で設計し構築運用する ためのコストがかかる）	低い （提供されている機能は利用可能だが、 サービスメニューにないことは困難）
付加サービスの利用 （ロードバランサや ファイアウォール等）	自社で設計、構築、運用する必要が ある	必要に応じて追加契約し利用可能
運用のセキュリティ	自社でコントロールできる	自社でコントロールできない
冗長化（二重化）	高価（冗長化分のリソースを用意する 必要がある）	容易（必要な時に必要な分だけ契約して 利用可能。遠隔地にバックアップ サーバを設置することも可能）

〔図4-4〕オンプレミスとクラウドの比較

る必要が無いため初期費用が抑えられ、利用開始までのリードタイムが短い、サービス開始時は小規模な構成で開始できる（スモールスタート）等たくさんのメリットがあることから、様々なシステムでクラウドを利用するケースが増加しています。主要なクラウドサービスとして、AWS（Amazon）、Azure（Microsoft）、GCP（Google）があります。またクラウドサービスの提供形態として、図4-5に示すように、インフラレベルの提供、プラットフォームの提供、アプリケーションレベルの提供があり、利用者は必要なサービスレベルのクラウドサービスを選択し利用することができます。

提供レベル	サービス分類	提供されるもの
アプリケーション	SaaS (Software as a Service)	ソフトウェアパッケージ（電子メール、グループウェア、CRM）
プラットフォーム	PaaS (Platform as a Service)	アプリケーション実行用のプラットフォーム（仮想化されたアプリケーションサーバやデータベース）
インフラ	HaaS, IaaS (Hardware / Infrastructure as a Service)	ハードウェアやインフラ（サーバ仮想化やデスクトップ仮想化や共有ディスク）

〔図 4-5〕クラウドコンピューティングの提供レベルによる分類

4．3．仮想化技術

　仮想化技術とは、コンピュータリソース（CPU、メモリ、HDD 等）を抽象化し、1つの物理的リソースを複数の論理的リソースに分割し利用する技術です（図 4-6）[32]。

　サーバ仮想化とは、仮想化基盤となる1台の物理サーバ上で複数の仮想マシン（VM：Virtual Machine）を稼働させる利用形態です。仮想マシンは、物理的なコンピュータハードウェア（ホスト PC）とホスト OS 上に構築され、CPU、メモリ、ストレージ、ネットワークインタフェースを持った仮想的なコンピュータ（ゲスト PC）として機能します。仮想マシンはハイパーバイザ等の仮想化ホストの機能により提供され、物理的なコンピュータと同様にオペレーティングシステム（ゲスト OS）やアプリケーションをインストールして動かすことができます。

　仮想化には、サーバ仮想化の他にも、ストレージ仮想化、プログラム実行環境の仮想化などがあります。

- ・ストレージ仮想化：複数の物理ディスクをまとめて1つの大きな仮想ディスクとして扱います。
- ・プログラム実行環境の仮想化：Java 仮想マシンでは、Java 言語で開発されたプログラムを他機種コンピュータ上で実行可能とします。

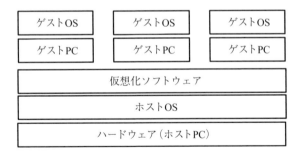

〔図 4-6〕仮想化技術

４．４．仮想化ソフトウェア（VirtualBox）のインストール

本書では、皆さんが使っている PC に仮想化ソフトウェアをインストールし、仮想環境（仮想マシン）を作成して、その上に Linux サーバを構築します。構築した Linux サーバを用いて、様々なサーバ機能を実習していきます。

仮想化ソフトウェアは、Oracle VM VirtualBox、VMware Workstation player、Microsoft Hyper-V 等、各社から様々なソフトウェアが提供されていますが、本書では無償で利用でき広く利用されている Oracle VM VirtualBox[33] を利用します（以降、VirtualBox と表記します）。仮想化ソフトウェア VirtualBox の概要を図 4-7 に記載します。

項目	概要
バージョン	Ver. 6.1.30(2021.12現在)、公式の最新版を利用する 公式サイト：https://www.virtualbox.org
サポートされるホストOS	Windows, MacOS X, Linux, Oracle Solaris
サポートされるゲストOS	Windows, Linux, FreeBSD, OpenBSD, Oracle Solaris, (MacOS X)
費用	無償（GPL v2）
ホストOSのハードウェア要件	
CPU	出来るだけパワフルなIntelまたはAMDのプロセッサ （2コア/4スレッド以上）
メモリ	潤沢なメモリ（ホストOSとゲストOSで利用するメモリ量）
ハードディスク	広大なディスクスペース（ホストOSとゲストOSで利用する ディスク領域）

〔図 4-7〕Oracle VM VirtualBox 概要

以下の手順で、VirtualBox のインストールを行います。
① VirtualBox のダウンロード

VirtualBox 公式サイト（図 4-8）から、ホスト OS に合ったインストーラをダウンロードします。

https://www.virtualbox.org/wiki/Downloads

②インストーラの起動

ダウンロードしたインストーラ（例えば VirtualBox-6.1.30-148432-

〔図 4-8〕VirtualBox のダウンロード画面

Win.exe）を起動します。インストーラの案内に従ってインストールを進めて下さい。

図 4-9 は起動直後の画面です。Next をクリックします。

MacOS では OS のセキュリティ設定によりインストールが完了しない場合があります。途中で失敗したときは「システム環境設定」→「セキュリティとプライバシー」→「プライバシー」→「アクセシビリティ」でインストーラの実行許可をしてから再度インストーラを起動し実行してください。

〔図 4-9〕VirtualBox セットアップウィザード

図4-10は、カスタムセットアップ画面です。特に指定が無ければデフォルトのまま Next をクリックします。

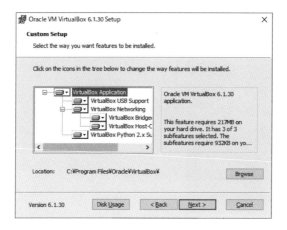

〔図 4-10〕VirtualBox カスタムセットアップ画面

図4-11は、カスタムセットアップ画面の続きです。特に指定が無ければデフォルトのまま（設定変更せずに）Next をクリックします。

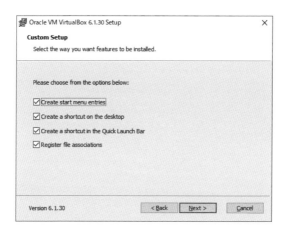

〔図 4-11〕VirtualBox カスタムセットアップ画面（続き）

図4-12は、ネットワークインタフェースリセットの警告画面です。イ
ンストールの際、ネットワーク設定がリセットされ、一時的に切断され
ることを警告しています。インストールするため Yes をクリックします。

〔図 4-12〕VirtualBox ネットワークインタフェースに関する警告画面

図 4-13 はインストール開始の画面です。Install ボタンをクリックし
インストールを開始します。

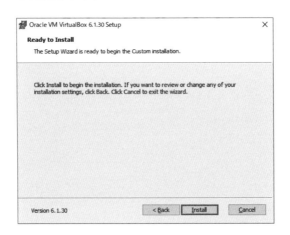

〔図 4-13〕VirtualBox インストールの開始画面

インストール時デバイスに変更を加える必要があるため、ユーザアカウント制御画面（図4-14）が表示され許可を求められます。「はい」をクリックします。

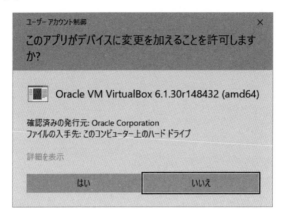

〔図4-14〕VirtualBox ユーザアカウント制御画面

以上の設定を終えると、図4-15のようにインストールが始まります。

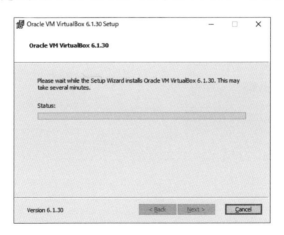

〔図4-15〕VirtualBox インストール画面

　Windows では、デバイスソフトウェア（ユニバーサルシリアルバスコントローラ）のインストールで、図 4-16 のような Windows セキュリティの確認画面が表示されます。「インストール」をクリックして進めます。

〔図 4-16〕VirtualBox デバイスソフトウェアのインストール確認画面

　必要なソフトウェアがコピーされインストールが完了します（図 4-17）。Finish をクリックして下さい。

〔図 4-17〕VirtualBox インストール完了画面

③ VirtualBox マネージャの起動
　図 4-17 で VirtualBox のインストール後の起動にチェックを入れておくと、自動的に図 4-18 のような VirtualBox マネージャが起動します。

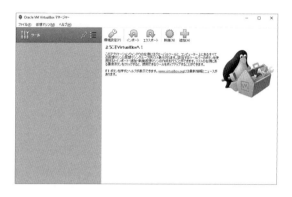

〔図 4-18〕VirtualBox マネージャー起動画面

4．5．仮想マシン（Virtual Machine）の作成

　次に、Linux をインストールするための仮想マシンをホスト PC 上に作成します。

　仮想マシンは各設定項目を図 4-19 に示す値で作成していきます。これらの値は本書の以降の説明で用いる値ですが、各自の実行環境に合わせてカスタマイズしてください。

項目	設定値	コメント
名前	AlmaLinux	分かりやすい名前を付ける
マシンフォルダー	C:\Users\urata\VirtualBox VMs	仮想マシンの保存先フォルダ
タイプ	Linux	AlmaLinuxなのでLinuxを選択
バージョン	Red Hat (64bit)	RedHat互換の64ビットOSである
プロセッサー数	1CPU	デフォルト値
メモリーサイズ	1024MB	1024MB（又は2048MB）
ハードディスク	仮想ハードディスクを作成する	今回仮想HDDとする
ハードディスクのファイルタイプ	VDI(VirtualBox Disk Image)	VirtualBoxの形式とする
ハードディスクにあるストレージ	可変サイズ	容量削減のため可変とする
ファイルの場所	C:\Users\urata\VirtualBox VMs\AlmaLinux\AlmaLinux.vdi	仮想マシンのHDD（ファイル）の場所
ファイルのサイズ	20GB	10GB〜20GB程度必要

〔図 4-19〕仮想マシン作成時の設定値

仮想マシン作成手順を示します。

① VirtualBox マネージャ（図 4-20）で「新規 (N)」をクリックします。

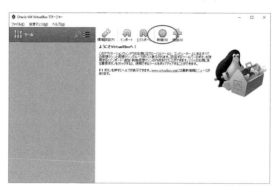

〔図 4-20〕VirtualBox マネージャー起動画面での仮想マシン作成

②図 4-21 で仮想マシン名前（任意の文字列）を入力して、導入する仮
想マシンの OS に合わせてタイプ、バージョンを選択し、「次へ
(N)」をクリックします。本書で導入する仮想マシンの OS では、図
4-21 のように「Linux」、「Red Hat (64-bit)」を選びます。

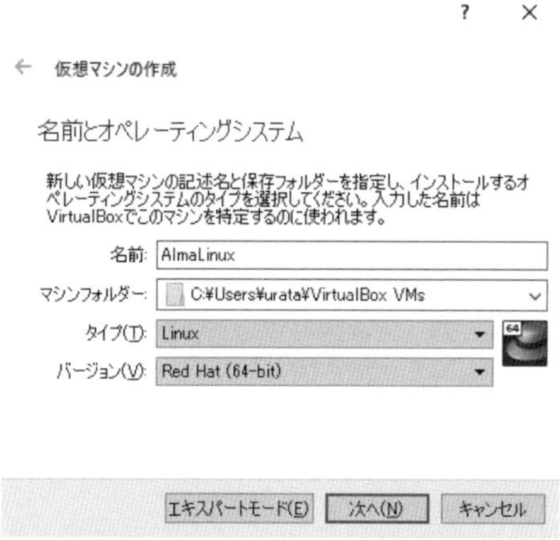

〔図 4-21〕名前とオペレーティングシステムの設定

③図4-22でメモリサイズを1024MB（デフォルト）とし、「次へ(N)」
をクリックします。

〔図4-22〕メモリサイズの設定

④図4-23で仮想マシンが利用する「仮想ハードディスクを作成する」
を選択し「次へ(N)」をクリックします。仮想ハードディスクは仮
想マシンが使用するハードディスクをファイルで表現したもので、
ホストPC上に作成されます。

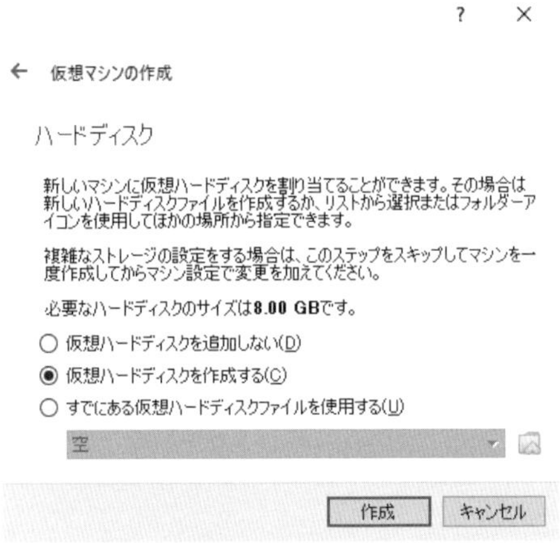

〔図4-23〕仮想ハードディスクの設定

⑤図 4-24 で仮想ハードディスクのタイプとして、VDI（VirtualBox Disk Image）を選択し、「次へ (N)」をクリックします。

? ×

← 仮想ハードディスクの作成

ハードディスクのファイルタイプ

新しい仮想ハードディスクで使用したいファイルのタイプを選択してください。もしほかの仮想ソフトウェアで使用する必要がなければ、設定はそのままにしておいてください。

◉ VDI (VirtualBox Disk Image)
○ VHD (Virtual Hard Disk)
○ VMDK (Virtual Machine Disk)

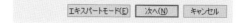

エキスパートモード(E)　次へ(N)　キャンセル

〔図 4-24〕ハードディスクのファイルタイプの設定

⑥図 4-25 で仮想ハードディスクは使用した分だけ領域を消費する「可変サイズ (D)」を選択し、「次へ」をクリックします。これを選択することにより、ホスト PC 上に作成される仮想ハードディスクのファイルサイズを節約できます。

〔図 4-25〕物理ハードディスクにあるストレージの設定

⑦図 4-26 でファイルの場所とサイズを指定します。ファイルの場所はデフォルト値のままで構いません。仮想ハードディスクのサイズには 20GB を直接入力し、「作成」ボタンをクリックします。

? ×

← 仮想ハードディスクの作成

ファイルの場所とサイズ

新しい仮想ハードディスクファイルの名前を下のボックスに入力するか、
フォルダーアイコンをクリックしてファイルを作成する別のフォルダーを選択
してください。

C:¥Users¥urata¥VirtualBox VMs¥AlmaLinux¥AlmaLinux.vdi

仮想ハードディスクのサイズをメガバイト単位で指定してください。この
サイズは仮想マシンがハードディスクに置くことができるファイルデータの
上限です。

20 GB

4.00 MB   2.00 TB

作成   キャンセル

〔図 4-26〕ファイルの場所とサイズの設定

⑧以上で仮想マシンが作成され、図 4-27 のように VirtualBox マネー
ジャに作成した仮想マシンが登録されます。

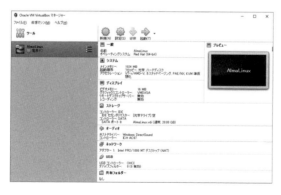

〔図 4-27〕AlmaLinux インストール用仮想マシンの作成完了画面

4.6. 仮想マシンの持ち運び

　仮想マシンを外付け USB ハードディスク（HDD）に作成すれば仮想マシンを持ち運びでき、オンライン授業では自宅の PC で、対面授業では大学に備え付けの PC でと、両方で同じ仮想マシンを起動し実行することが可能となります。この使い方をする場合は、手順②のマシンフォルダで外付け USB-HDD を指定して仮想マシンを作成して下さい。

　仮想マシンを作成した PC 以外で仮想マシンを利用する際は、図 4-28 に示すように Virtual Box 起動後、「追加（A）」をクリックし、VirtualBox マネージャに仮想マシンを追加して下さい（作成した仮想マシンフォルダにある拡張子.vbox ファイルを選択し、仮想マシンの場所を認識させます）。

　なお安価な USB メモリを使用する場合は、HDD 上に仮想マシンを作成した後、HDD 上の仮想マシンフォルダのファイル一式を USB メモリにコピーして下さい。USB メモリは書き込み速度が遅いため、仮想マシンを作成したり、格納したまま動作させたりするのは実用的ではありません。仮想マシンを利用する時に HDD にコピーして動作させ、利用終了後に USB メモリに書き戻して下さい。

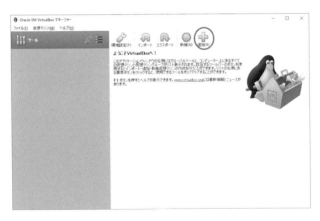

〔図 4-28〕VirtualBox への仮想マシンの追加

⑤

Linuxのインストール

5.1. Linux とは？

サーバを構成するオペレーティングシステム（OS: Operating System）には、図4-2 に示すように、Linux/UNIX 系の OS や Windows 系 OS（Windows Server）が利用されていますが、Linux が最も広く利用されています。Linux とは UNIX 系 OS の1つで、1991 年 フィンランド ヘルシンキ大学の Linus B. Torvalds が開発した OS が起源となっています[31]。誰もが無償で利用できるオープン・ソース・ソフトウェア（OSS: Open Source Software）として公開され、現在は Linux コミュニティによって開発が進められています。サーバとして利用されるだけでなく、メインフレームやスーパーコンピュータ、デスクトップ PC、組込み機器等、幅広い分野で利用されています。Linux はライセンスとして GNU General Public License（GPL）を採用しており、Linux を再頒布する者はソースコード（加えた修正も含む）を同じ条項で入手可能にすることが要求されます。

5．2．Linux のディストリビューション

　Linux カーネルとその他ソフトウェア群を 1 つにまとめ、利用者が容易にインストール・利用できるようにしたものを、ディストリビューションと呼びます。Linux ディストリビューションは、その理念、目的によって複数の種類があり、主な Linux ディストリビューションを図 5-1 に示します。サーバ系 OS としては、Ubuntu が約 40%、Debian GNU/ Linux が約 20%、Red Hat 系のディストリビューションが約 20% のマーケットシェアを持っているといわれています。

　本書では、安定性が高くサーバ用 OS として利用されている Red Hat Enterprise Linux の互換 OS である AlmaLinux を利用しサーバ環境を構築します。Red Hat 系のディストリビューションでは、構築・運用に同じコマンドを利用しており、AlmaLinux で身に着けた構築・運用の技術は、Red Hat 系 Linux OS でそのまま利用することができます。

5．2．1．Red Hat 系 Linux ディストリビューションの特徴

　Red Hat 系 Linux ディストリビューションは、GPL ライセンスに従い、Red Hat 社から公開されている商用 Red Hat Enterprise Linux（RHEL）のソースコードから生成されているため、RHEL と機能上の互換性を維持しています。安定性も高く導入実績も多数あり、サーバ用途に適したデ

* RedHat系
  – Red Hat Enterprise Linux (RHEL)
    * CentOS
    * AlmaLinux
    * Rocky Linux
    * MIRACLEINUX
  – Fedora
* Debian系
  – Debian GNU/Linux
  – Ubuntu
  – Raspberry Pi OS
* Slackware系
  – Slackware
  – openSUSE
* 独立系
  – Gentoo Linux
  – Arch Linux
  – Alpine Linux

〔図 5-1〕主な Linux ディストリビューション

ィストリビューションとなっています。これまでは、Red Hat 系では
CentOS が広く利用されていましたが、2020 年末 CentOS Project による
サポート終了が発表され（2021 年 12 月末でサポート終了）、AlmaLinux
や Rocky Linux がその後継 OS として利用されるようになりました。
Red Hat の最新バージョンは RHEL Ver.8.5（2021 年 11 月）がリリースさ
れており、AlmaLinux も Ver.8.5 が公開されています。

5.2.2. AlmaLinux の特徴
AlmaLinux には以下のような特徴があります。
・無料で利用でき、商用 Red Hat Enterprise Linux（RHEL）と互換性があ
　り、RHEL と同じコマンドで運用可能
・従来の CentOS と同等のスピードでパッケージが提供され利用可能
・開発している CloudLinux 社はこれまで 10 年以上にわたり CloudLinux
　を開発・保守してきた経験があり、多くのスポンサーから出資を受け
　今後も開発が継続される
・CPU として、Intel CPU（64bit）と、ARM（64bit）をサポートしており
　利用範囲が広い
・x86_64 アーキテクチャ（RHEL8）でサポートされるハードウェア構成：
　➤　最大 CPU 数　　　　　768 コア / 8192 スレッド
　➤　最小 / 最大メモリ　　1.5GB / 24TB
　➤　最小ストレージ　　　10GB（20GB 推奨）

AlmaLinux 公式 Web サイトを図 5-2 に示します。
　AlmaLinux は 2021 年 3 月に公開された新しいディストリビューショ
ンであり、他の CentOS や RHEL に比べて情報も少ないため、インター
ネット上で情報を検索する際は、RHEL や同じ Red Hat 系ディストリビ
ューションである CentOS や Fedora の情報も検索して利用するようにし
て下さい。

〔図 5-2〕AlmaLinux 公式 Web サイト (https://almalinux.org)

５．３．AlmaLinux のインストール

第４章でインストールした仮想化環境（VirtualBox）を使って作成した仮想マシンに、Red Hat Enterprise Linux (RHEL) の互換 OS である AlmaLinux をインストールします。

ここでは、Windows 10（CPU は x86_64）上に、AlmaLinux Ver.8.4 をインストールする手順を示します。MacOS を用いる場合、画面は異なりますが同様の手順でインストール可能です。

ここでは以降の学習のため、GUI（Graphical User Interface）を導入せず、CUI（Character User Interface）のみで Linux を操作することを鑑み、最小インストール（minimal installation）を行う前提でインストール操作の説明を行います。最初から GUI 付きでインストールする場合は注釈を参照してください。

５．３．１．AlmaLinux のダウンロード

① https://almalinux.org/ja（図 5-3）にアクセスし、ダウンロードをクリックします。

〔図 5-3〕AlmaLinux 日本語公式 Web サイト

②図 5-4 で利用する CPU アーキテクチャ（x86_64）とバージョン（ここでは 8.4）をクリックします。

〔図5-4〕AlmaLinux DVD イメージ (ISO) ファイルダウンロード・バージョン選択画面

③提示されたミラーサイトから適切と考えられるものを1つ選びクリ
　ックします (図5-5では、ftp.riken.jp を選択していますが、別のサ
　イトでも構いません)。

〔図 5-5〕AlmaLinux DVD イメージ (ISO) ファイル・ミラーサイト選択画面

④図 5-6 でインストールに利用する DVD イメージ (AlmaLinux-8.4-
　x86_64-minimal.iso) をクリックしてダウンロードします。
　(注) 最初から GUI 環境をインストールする場合は、AlmaLinux-8.4-
　　　x86_64-dvd.iso を選択します。

〔図 5-6〕AlmaLinux DVD イメージ（ISO）ファイル選択画面

5．3．2． VirtualBox 仮想マシンの設定

AlmaLinux のインストールが完了した後、再び DVD から起動しインストーラが動作してしまうトラブルを予防するため、予め下記の 2 点の設定を行っておきます。

　①起動順序を変更する：ハードディスクの優先順位を光学（光学ドライブ =DVD）より上位に設定します。

　VirtualBox マネージャで仮想マシンを選択し、設定 (S) →システム →マザーボード (M) →起動順序 (B) でハードディスクを選択し、↑ キーで最上位（最優先）にします（図 5-7）。

〔図 5-7〕VirtualBox 仮想マシンの起動順序の設定

② AlmaLinux インストール用 DVD イメージファイルを、光学ドライ
ブ（DVD）に挿入（マウント）します。

VirtualBox マネージャで仮想マシンを選択し、設定 (S) →ストレー
ジ→ストレージデバイス (S) →コントローラ :IDE の下で「空」とな
っている部分をクリックします（図 5-8）。右側の光学ドライブ (D)
は「IDE セカンダリマスター」のまま、青色円盤部分を左クリック
し「ディスクファイルを選択 ...」を選び、ダウンロードした
AlmaLinux インストール用 DVD イメージファイル（AlmaLinux-8.4-
x86_64-minimal.iso）を選択します。Live CD/DVD は OFF のままと
します。実行後、図 5-9 のような表示になります。

〔図 5-8〕VirtualBox 仮想マシンの光学ドライブ設定 1

〔図 5-9〕VirtualBox 仮想マシンの光学ドライブ設定 2

この設定により、AlmaLinux をインストールする前の初回立ち上げ時
は、起動順序が最優先のハードディスクから起動しようとするものの、
まだ Linux がインストールされていないため HDD からの起動はできず、
優先度 3 の光学ドライブ（AlmaLinux のインストール DVD）からインス
トーラが起動します。AlmaLinux インストール完了後に起動した際は、
光学ドライブに AlmaLinux インストール用 DVD が残っていたとしても、
ハードディスクにインストールされた AlmaLinux が立ち上がります。

5．3．3．VirtualBox 仮想マシンのマウス制御

　AlmaLinux インストーラを起動してインストールを行う前に、
VirtualBox で仮想マシンを利用する際のマウス制御について説明しま
す。仮想マシンの画面をマウスでクリックするか、またはホストキー
（Windows では右 CTRL キー、MacOS では左 Command キー）を押すと、
仮想マシンはマウスポインタ（マウス統合機能がゲスト OS でサポート
されていない時のみ）とキーボードをキャプチャ（捕獲）し（図 5-10）、

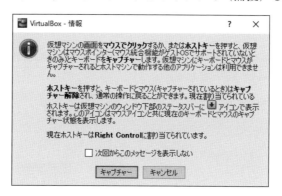

〔図 5-10〕VirtualBox マウス統合機能について

マウスとキーボードが仮想マシンで使えるようになります。逆に、ホス
トマシンで動作する他のアプリケーションはキーボードとマウスを利用
できなくなります。このマウス統合機能から抜け出しマウスを
VirtualBox 仮想マシンの外に出られるようにするには、ホストキーを押

します。どのキーがホストキーに割り当てられているかは、VirtualBox
仮想マシンのウィンドウの右下に表示されています（図 5-11）。

〔図 5-11〕VirtualBox のホストキー表示

5.3.4. AlmaLinux のインストール設定

　図 5-12 のように、VirtualBox マネージャの左側の枠で AlmaLinux 仮
想マシンを選択し、「起動 (T)」をクリックすると、VirtualBox 仮想マシ
ンが起動し（図 5-13）、光学ドライブ（インストール用 DVD イメージフ
ァイル）から AlmaLinux インストーラが起動します（図 5-14）。

〔図 5-12〕VirtualBox 仮想マシンを起動する

〔図 5-13〕VirtualBox 仮想マシンの起動

〔図 5-14〕AlmaLinux インストーラの起動 1

　図5-14 の画面が表示されたら、上下↑↓キーで、「Install AlmaLinux 8.4」を選択し Enter キーを押して下さい。AlmaLinux が起動しインストールが始まります（図5-15）。

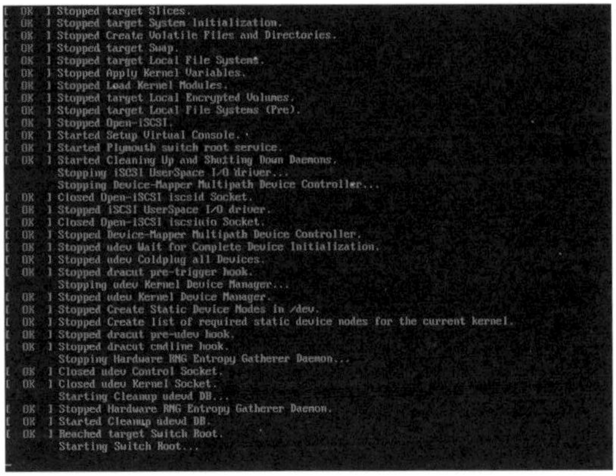

〔図5-15〕AlmaLinux インストーラの起動 2

図 5-16 の画面ではインストール中に利用する言語を設定します。本書では English のままとし、「Continue（続ける）」をクリックします。

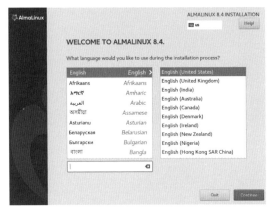

〔図5-16〕AlmaLinux インストーラの言語設定

次に INSTALLATION SUMMARY の画面（図 5-17）が表示されますが、まだ警告表示部（赤字項目）の設定が完全になされていないため画面下部にオレンジ色の警告メッセージが表示されており、右下の「Begin Installation」ボタンを押すことができません。

〔図 5-17〕AlmaLinux INSTALLATION SUMMARY

　AlmaLinux のインストールに必要な各種設定項目を以下の通り設定していきます。なお、各項目の設定画面で設定が完了したら最後に「Done」をクリックして設定を反映させて下さい。

① Network & Host Name（図 5-18）
　Network の設定を先に行っていないとできない作業があるため、まず、Network の設定を行います。
　Ethernet(enp0s3) を ON（自動起動）にして下さい。

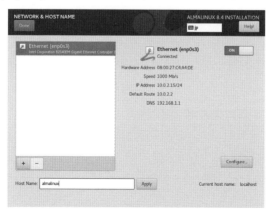

〔図 5-18〕Network & Hostname の設定

　また、Hostname（例 :almalinux）を設定し、「Apply」をクリックして
下さい。

② Keyboard（図 5-19）

　インストールする PC の接続したキーボードが日本語キーボードの場
合は「+」ボタンで Japanese を追加し、「-」ボタンで English(US) を削除
して下さい。英語キーボードでは English(US) のままとして下さい。

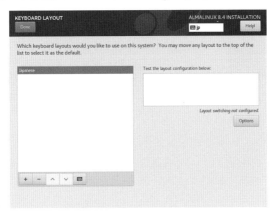

〔図 5-19〕Keyboard の設定

③ Language Support（図 5-20）

　English のままとします。

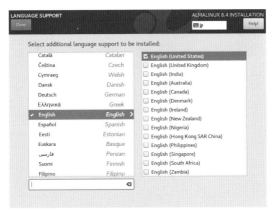

〔図 5-20〕Language Support の設定

④ Time & Date（図 5-21）

Timezone として地図から適切な場所（日本の場合は Tokyo）を選択
し、日付・時刻を合わせて下さい。

サーバの時刻合わせを自動で行わせるため Network Time を ON に
して下さい（NTP で時刻合わせが行われます）。

〔図 5-21〕Time & Date の設定

⑤ Root Password（図 5-22）

root（管理者）のパスワードを設定して下さい。安易に推定される

〔図 5-22〕Root Password の設定

パスワードを避けることが望ましいですが、そのパスワードを絶対
に忘れないでください。実習のみに用いることを考えて意識的に容
易なパスワードを設定する場合は、警告が表示された後に再度
「Done」で決定すると設定可能です。

⑥ User Creation（図5-23）

一般的にLinuxの操作はrootではない一般のユーザが行います。本
書でも通常の操作は一般ユーザが実施しますので、操作に用いる一
般ユーザを作成して下さい。

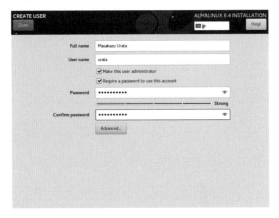

〔図5-23〕User Creation の設定

例）

Full name: Masakazu Urata

Username: urata

Make this user administrator を ON にします（管理者になることがで
きる権限を与えておきます）。

Require a password to use this account は ON のままにして下さい。

⑦ Installation Source（図5-24）

デフォルト設定 =Local Media (Auto-detected installation media) のま
まとします。

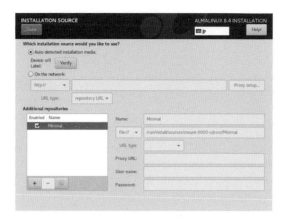

〔図 5-24〕Installation Source の設定

⑧ Software Selection（図 5-25）

デフォルト設定（Minimal Install）のままとします。

（注）GUI 環境をインストールする場合は、画面に表示される適切なものを選択してください。

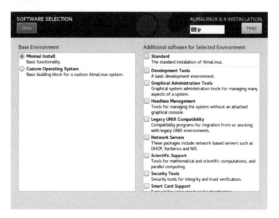

〔図 5-25〕Software Selection の設定

⑨ Installation Destination（図 5-26）

クリックすると作成した仮想 HDD（ATA VBOX HARDDISK）がチ

エックされているので Done をクリックしてインストール先 HDD
を決定します。本書での操作においては特に構成を変更する必要は
ありません。

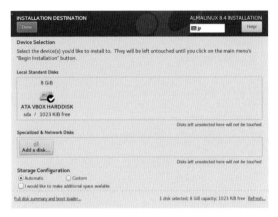

〔図 5-26〕Installation Destination の設定

⑩ KDUMP（図 5-27）

デフォルト設定（Kdump is enabled）のままとします。

〔図 5-27〕KDUMP の設定

⑪ Security Policy（図 5-28）

デフォルト設定のまま（no profile selected）とします。

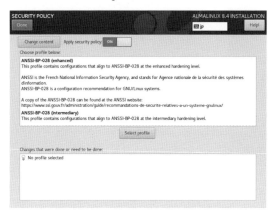

〔図 5-28〕Security Policy の設定

⑫インストール開始

全ての設定項目が設定されると、黄色の警告文字が消え、右下の「Begin Installation」ボタンが押せるようになるので、「Begin Installation」ボタンを押してインストールを開始して下さい（図 5-29）。インストールが始まります（図 5-30）。

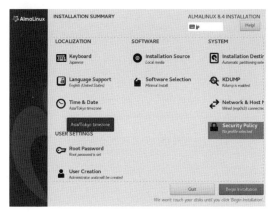

〔図 5-29〕インストールの開始

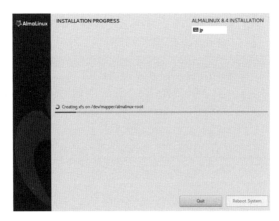

〔図 5-30〕インストールの進行中

インストールが完了すると、再起動を要求する画面（図 5-31）が表示されるので、「Reboot System」ボタンをクリックして再起動して下さい。

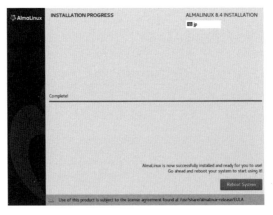

〔図 5-31〕インストール完了

⑥

サーバ環境の構築

6.1. コマンドラインを用いた基本的な操作

第5章で述べた通り、サーバ用OSとしてUNIX/Linux系OSが広く利用されています。LinuxではWindowsやMacOSと異なり、コマンドラインを利用したCUIでの操作が基本となります。コマンドラインではマウスを使わずキーボードだけを使って操作を行います。利用者がコンピュータに対してコマンド（命令）を送り、コンピュータがその命令を実行しレスポンス（結果）を受け取ることで、コンピュータでの処理や操作が行われます。

6.1.1. Linux のコマンド入力方法

図6-1にLinuxでのコマンド入力画面を示します。Linuxを起動するとまずログインプロンプト（login:）が表示されるので、ユーザID（5.3.4節の⑥ User Creationで設定したUsername）を入力し改行（Enter）キーを入力します。次にパスワード（Password:）が聞かれますので、設定したパスワードを入力して改行キーを入力します（画面上にパスワードは表示されません）。その後、シェル（bash）が起動しコマンドプロンプト（$）が表示されます。プロンプトとはOSがコマンドを受け付けられる状態であることを示す記号であり、コマンドプロンプト（$ 又は #）が表示されていればコマンド入力が可能です。本書では、以下のように表記を使い分けます。

　一般ユーザのコマンドプロンプト：　　　　$

　特権ユーザ（root）のコマンドプロンプト：　#

```
AlmaLinux 8.4 (Electric Cheetah)
Kernel 4.18.0-305.e18.x86_64 on an x86_64

alma login: alma
Password:
Last login: Mon Oct  4 16:05:01 on tty1
[alma@alma ~]$
```

〔図 6-1〕コマンドプロンプト

6．1．2．基本コマンド

Linux でよく利用される基本的なコマンドを図 6-2 ～図 6-5 に示します [34]。

コマンド名とオプションの間、オプションとオプションの間には、区切り文字としてスペースを必ず入れて下さい。画面に表示しているフォントによってはスペースの存在が分かりにくいことがあるので、よく注意して下さい。

図 6-3 は ls コマンドを実行したときに表示されるファイルとディレクトリのリストです。権限や所有者などファイルに関する情報も表示されています。

コマンド名	ls (list segments)
説明	ファイル、ディレクトリの一覧を表示する
書式	$ ls [option] [file or directory]

コマンド例	$ ls -a ．(ピリオド)で始まるファイルも表示
	$ ls -l 詳細情報を表示する（権限情報も表示）
	$ ls -R 配下のディレクトリのファイルリストを含めて
	再帰的に表示する

その他	オプションは組合せ可能：$ ls -al コマンド（ls）とオプションの間にはスペース（空白）が必要

〔図 6-2〕ls コマンド

| アクセス権
（パーミッション） | 所有者
owner | グループ
group | ファイルサイズ
(Bytes) | タイムスタンプ
（更新時刻） | ファイル名 |

〔図 6-3〕ls コマンド実行例

コマンド名	cd (change directory)	
説明	作業中のディレクトリを移動する	
書式	$ cd [option] [directory]	
コマンド例	$ cd work	カレントディレクトリ中のworkディレクトリに移動する（相対パス指定）
	$ cd /tmp	/tmpディレクトリに移動する（絶対パス指定）
	$ cd	現在のユーザのホームディレクトリに移動する
	$ cd ..	一つ上のディレクトリ（..）に移動する
その他		

〔図6-4〕cd コマンド

コマンド名	shutdown	
説明	システムを終了する	
書式	# shutdown [option] [time]	timeを指定しない場合は1分後
コマンド例	# shutdown -h now	今すぐシャットダウンし、システムを停止
	# shutdown -r	1分後にシャットダウンし、再起動する
	# shutdown	1分後にシャットダウンする
その他	現在は、systemctlコマンドでも実行できます	
	# systemctl poweroff	シャットダウンし電源を切る
	# systemctl reboot	シャットダウンし再起動する

〔図6-5〕shutdown コマンド

実習 6-1

　Linux のコマンドラインで基本的なコマンドを入力し、動作を確認せよ。

6.1.3. スーパーユーザ

　Linux では利用者の権限は、(1) 管理者と (2) 一般ユーザに分かれています。管理者は root という特別なユーザ ID であり、スーパーユーザや特権ユーザと呼ばれることがあります（Windows では Administrator が管理者です）。

　一般ユーザの追加（useradd）や、パッケージソフトウェアの追加・削除（dnf）、ネットワークの設定変更（firewall-cmd）など、システムを変更する作業は管理者（root）権限で行う必要があります。一般ユーザであっても root 権限を得る許可が与えられていれば、sudo コマンドを使

って root 権限が必要なコマンドを実行でき、その際一般ユーザのパスワードが求められます。

　また、仮想マシンとして設定した Linux でも、ハードウェアにインストールした Windows や MacOS と同様、電源を OFF する前にシャットダウン操作を行う必要があります（シャットダウンせずに電源を OFF にすると仮想マシンが壊れる恐れがあります）。root 権限で PC をシャットダウンするには以下の3つの方法があります。

(1) root でログインし、シャットダウン（図 6-6）
　①管理者（特権ユーザ）root でログインします。
　②インストール時に設定した管理者（root）パスワードを入力する。
　　入力したパスワードは表示されません。
　③root ユーザでシャットダウンコマンドを実行します。

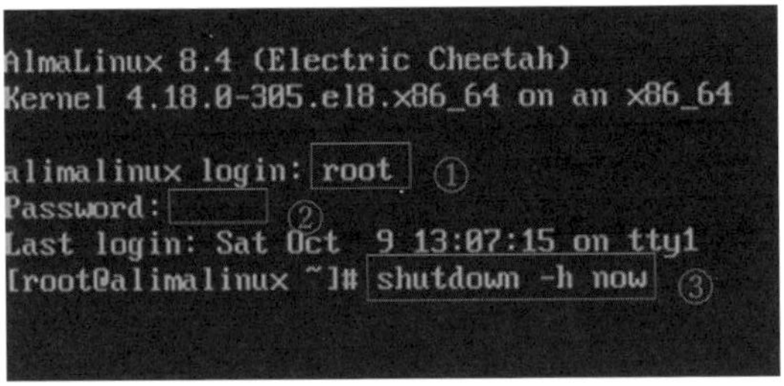

〔図 6-6〕root でログインしシャットダウン

(2) 一般ユーザでログインし、su コマンドで root になってシャットダウン（図 6-7）

〔図6-7〕一般ユーザでログインし root になってシャットダウン

①一般ユーザ urata（インストール時に登録した名前）でログインします。
② urata のパスワードを入力します。入力したパスワードは表示され
ません。
③一般ユーザから root になる su コマンド（図6-8）を入力します（ユ
ーザを変更します）。

コマンド名	su (substitute user)	
説明	ユーザを変更する	
書式	$ su [option] [-] [user]	
コマンド例	$ su root	一般ユーザからrootになる
	$ su	user省略時はsu rootと同じ意味
	$ su - root	一般ユーザからrootになる
		環境変数は一般ユーザの設定が引き継がれる
その他		

〔図6-8〕su コマンド

④ root のパスワードを求められるので、パスワードを入力します。
⑤ root ユーザでシャットダウンコマンドを実行します。
（3）一般ユーザでログインし、sudo コマンドでシャットダウン（図6-9）

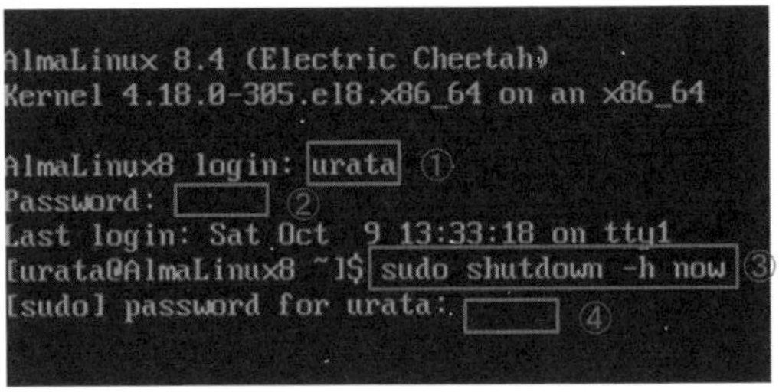

〔図6-9〕一般ユーザでログインしsudoコマンドでシャットダウン

①一般ユーザ urata（インストール時に登録した名前）でログインします。
②urata のパスワードを入力します。入力したパスワードは表示され
ません。
③最初に sudo コマンド（図6-10）を付けて、root権限のコマンドを実
行します。
④一般ユーザ（urata）が root 権限を得るにあたり、一般ユーザのパス
ワードを求められるので入力します（一般ユーザは事前に root にな
る許可を与えられている必要があります）。

コマンド名	sudo (su do)	
説明	別のユーザ権限でコマンドを実行する	
書式	$ sudo [option] [command]	
コマンド例	$ sudo shutdown -h now	root権限でshutdownを実行
	$ sudo dnf upgrade	root権限でパッケージを更新
その他		

〔図6-10〕sudo コマンド

sudo（例えば sudo whoami）を実行すると

```
xxx is not in the sudoers file. This incident will be reported.
xxx は sudoers ファイル内にありません。この事象は記録・報告されます。
```

と表示される場合、xxx というユーザに sudo の実行権限が設定されて
いません。その場合は sudo コマンドを利用できるグループ wheel にユ

ーザ xxx を追加して下さい。以下のコマンドで実行できます。

```
$ su
# gpasswd -a xxx wheel
```

変更した設定を反映させるには一旦ログアウトしてログインしなおす
か、再起動して下さい。

6.1.4. アクセス権

　UNIX系OS では、ファイルやディレクトリに対してアクセス権（パ
ーミッション）が設定されています（図6-11）。ファイルやディレクト
リのアクセス権は、

　　　所有者 (owner)、グループ (group)、その他 (others) のユーザ
に対して、それぞれ、

　　　読取り（r: read）、書き込み（変更）（w: write）、実行（x: execute）
のアクセス権を設定します。ディレクトリの実行権 (x) は、そのディレ
クトリに移動する権限を意味します。

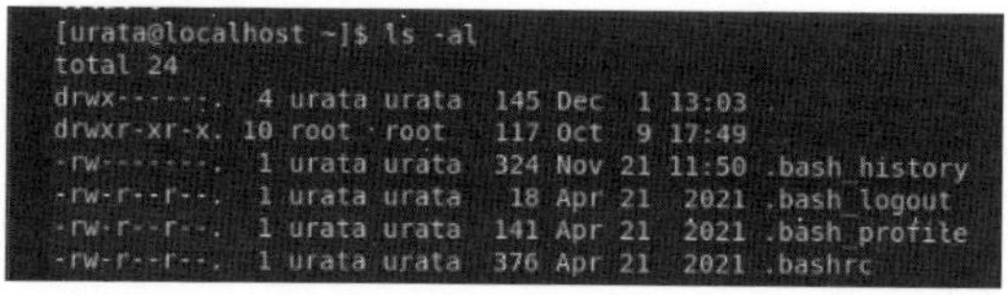

〔図6-11〕ファイル・ディレクトリのアクセス権の例

図6-12 のアクセス権について説明します。

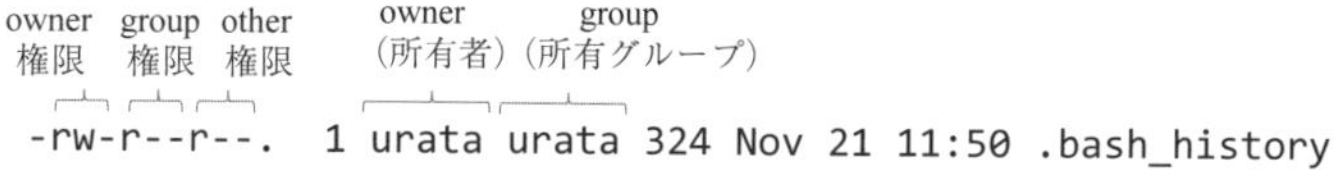

```
owner group other    owner      group
権限  権限  権限   (所有者)   (所有グループ)

 -rw-r--r--. 1 urata urata 324 Nov 21 11:50 .bash_history
```

〔図6-12〕ファイルへのアクセス権

　ここで図6-12 に示す .bash_history ファイルは、owner（所有者）=urata,
group（所有グループ）=urata であり、owner(urata) に設定されているア
クセス権は、

　　　read 可 /write 可 /execute 不可 (-)

group(urata) に属するユーザのアクセス権は、

　　　read 可 /write 不可 (-)/execute 不可 (-)

その他ユーザ (other) のアクセス権は、

　　　read 可 /write 不可 (-)/execute 不可 (-)

と設定されています（所有者は読み書きができるが、所有者以外は読み込みのみ可能です）。

　これらのアクセス権を変更するには、chmod コマンドを利用します。図 6-13 のコマンド例を参照して、権限変更をしてみてください。

コマンド名	chmod (change mode)
説明	ファイル/ディレクトリのアクセス権を変更する
書式	chmod [option] mode file1 file2...
コマンド例	chmod u+w hoge.txt　owner の権限に書込み権 (w) を加える chmod g-r hoge.txt　group の権限から読取り権 (r) を外す chmod o-x hoge.txt　others の権限から実行権 (x) を外す chmod 644 hoge.txt　ユーザに読み取りと書込みの権限、 　　　　　　　　　　　グループとその他に読取り権限を与える rwx を 2 進数の 3 桁と考え、それぞれ、4,2,1 で、権限を表現する 例）rw-r--r-- ⇒ rw- r-- r-- ⇒ 110 100 100 ⇒ 644
その他	

〔図 6-13〕chmod コマンド

6．1．5．　ファイルの所有者とグループ

　Linux では図 6-12 で示すように、ファイルやディレクトリには所有者（owner）と所有グループ（group）が設定されます。所有者を変更するには chown コマンド（図 6-14）、所有グループを変更するには chgrp コマンド（図 6-15）を利用します。それぞれ変更する権限を持つユーザ、または root が変更可能です。

コマンド名	chown (change file ownership and group)
説明	ファイル、ディレクトリの所有者や所有グループを変更する
書式	$ chown [option] user[:group] filename
コマンド例	# chown root a.txt　　　　a.txtの所有者をrootに変更する # chown root:root a.txt　a.txtの所有者をroot, 　　　　　　　　　　　　　所有グループをrootに設定する
その他	

〔図 6-14〕chown コマンド

コマンド名	chgrp (change group ownership)
説明	ファイル、ディレクトリの所有グループを変更する。
書式	$ chgrp [option] group filename
コマンド例	# chgrp root a.txt　a.txtの所有グループをrootに変更する
その他	

〔図 6-15〕chgrp コマンド

6.1.6. ファイルの編集

コマンドラインでテキストファイルを編集するには、vi コマンドを用います。

　　$ vi ＜ファイル名＞

vi コマンド動作中はコマンドモードとインサートモードを切り替えてテキスト編集を行います[34]。コマンドモードで実行できる主なコマンドを図 6-16 に示します。インサートモードではキーボードで入力した文字が入力されます。エスケープキー（ESC）を入力することでコマンドモードに戻ります。

コマンド	実行内容
a	インサートモードに移行し、文字をカーソルの後ろに追加する（append）
i	インサートモードに移行し、文字をカーソルの前に挿入する（insert）
x	カーソル位置の一文字を削除する
dd	カーソル位置の一行を削除する
カーソルキー	カーソルを移動する h（←）、j（↓）、k（↑）、l（→）でも移動できる
:w	ファイルを保存する
:w <ファイル名>	<ファイル名>の名前をつけてファイルを保存する
:wq	ファイルを保存して、viを終了する
:q!	ファイルを保存せずに、viを終了する

〔図6-16〕vi で用いる主なコマンド

実習 6-2

vi を起動して、テキストファイルの編集を実行せよ。

6．1．7．ヘルプコマンド

ヘルプコマンドとして man コマンド（図6-17）を使います。man はコマンドのマニュアルを表示します。困ったときに使えるコマンドです。

コマンド名	Man (manual)
説明	コマンドのオンラインマニュアルを表示する
書式	$ man [option] command
コマンド例	# man cp　cpコマンドのマニュアルを表示する # man man　manコマンド自体のマニュアルを表示する
その他	

〔図6-17〕man コマンド

6．1．8．Linux のディレクトリ構成

Linux は多数のディレクトリとファイルから構成されているシステムであり、そのディレクトリ構造と用途を理解しておくことは重要です。Linuxの主なディレクトリの構成を図6-18に示します。各ディレクトリはそれぞれ用途が決まっており、適切なアクセス権が設定され管理されています。

```
/ ルートディレクトリ
├ /bin        一般ユーザー向け基本コマンド
├ /boot       起動に必要なファイル
├ /dev        デバイスファイル
├ /etc        各種設定ファイル
├ /home       ユーザーのホームディレクトリ
├ /lib        共有ライブラリ
├ /media      DVDなどのリムーバブルメディアのマウントポイント用ディレクトリ
├ /mnt        ファイルシステムの一時的なマウントポイント用ディレクトリ
├ /opt        アプリケーションパッケージ毎の専用ディレクトリ
├ /proc       プロセスなどのシステムの状態を表した仮想ファイルシステム
├ /root       root用ホームディレクトリ
├ /sbin       システム管理用コマンド
├ /tmp        一時ファイル保管用ディレクトリ
├ /usr        プログラムやカーネルソース
└ /var        システムログなどの動的に変化するファイル
```

〔図 6-18〕Linux の主なディレクトリ構成

　例えば、一般ユーザのホームディレクトリは、/home の下に置かれて
おり自分のホームディレクトリは自分では読み書きできますが、他のユ
ーザは書き換えができないようアクセス権が設定されています。

6.1.9. シェル

　Linux におけるシェル（Shell）は、OS の核となるカーネル（Kernel）と
利用者の間にあって、利用者に使いやすいインタフェースを提供してい
ます（図 6-19）。

　カーネルは利用者と対話的にやりとりする機能をもっていないため、
シェルが利用者とやりとりします。シェルは利用者からコマンド受け取
ると、カーネルが提供する機能（システムコール、API）を呼び出して
カーネルに処理を依頼し、処理結果を利用者に返却します。カーネルか
ら見るとシェルは 1 つのアプリケーションとして見えます。

　ハードウェア、ソフトウェア（オペレーティングシステム、アプリケ
ーション）の関係を階層的に表現すると、図 6-20 のように表されます。

　CPU、メモリのようなハードウェアの違いは BIOS/UEFI やデバイス
ドライバの階層（レイヤ）により上位レイヤ（カーネル）に対して隠ぺい

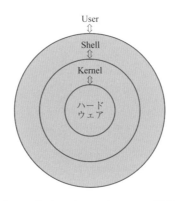

〔図 6-19〕カーネル、シェルの概念図

User

Application	Shell (Applications)		
Operating System	Operating System		
	Kernel		
	scheduler etc	Memory Manager	Device Driver
Hardware	BIOS / UEFI		
	CPU	Memory	Device

〔図 6-20〕ハードウェア、ソフトウェアの階層構造

されています。

　利用者はシェルに対して対話的にコマンドを入力し、アプリケーションの1つであるシェルは、カーネルのシステムコールを呼び出すことで、ハードウェアの種別を意識することなくカーネルに対して処理を依頼することができます。

　シェルには、sh、csh、tcsh、ksh、bash、zsh など様々な種類のシェルが存在し、利用者の好みに応じて利用されています。AlmaLinux では利用者がログインした際に利用するシェルとして、デフォルトで bash が設定されています。bash は現在多くの Linux ディストリビューションや

MacOS のログインシェルとして普及しています。

6.1.10.　シェルの機能

　シェルは利用者とカーネルの間にあって、利用者からのコマンド入力を受け付けるプログラムです。シェルが提供する機能として以下のような機能があります。

- アプリケーションプログラムの起動・終了
- プログラムのフォアグラウンド処理・バックグラウンド処理の切替え（ジョブ制御）
- プログラムの出力をファイルに出力（リダイレクト）
- プログラムの出力を他のプログラムの入力（パイプ）
- プログラムの動作環境の設定に使用する環境変数、シェル変数の設定・参照
- 入力コマンドライン中のファイル名の正規表現の展開（ワイルドカード展開）
- 入力時のファイル名などの補完機能
- 入力履歴の呼び出し（ヒストリ）
- コマンドに別名をつける（エイリアス）
- 繰り返しコマンドを実行したり、条件に応じて実行させたりするための制御構造

6.1.11.　シェルスクリプト

　シェルによって解釈され実行される一連の処理を記述したスクリプトをシェルスクリプトと呼びます。サーバの運用に必要な複雑なコマンドの自動実行や、処理結果をわかりやすく加工して表示したり、処理結果に応じた処理を実行させたりするなど、作業の効率化や正確さのために利用されています。Linux で標準的に利用されるシェル（bash）の起動時に読み込まれる初期化ファイル（~/.bashrc）もシェルスクリプトの作法に従って記述されています（図 6-21）。

```
# .bashrc

# Source global definitions
if [ -f /etc/bashrc ]; then
    . /etc/bashrc
fi

# User specific environment
PATH="$HOME/.local/bin:$HOME/bin:$PATH"
export PATH

# Uncomment the following line if you don't like systemctl's
auto-paging feature:
# export SYSTEMD_PAGER=

# User specific aliases and functions
```

〔図 6-21〕bash 初期化ファイル（.bashrc）

6．1．12．　環境変数

　環境変数は OS が提供するデータ共有機能の 1 つで、OS 上で動作するコマンドやアプリケーションの実行時の挙動・設定を変更するために用います [35]。環境変数の例を図 6-22 に示します。変数名は大文字のアルファベットとアンダースコア“_”の組み合わせで定義します。

　設定されている環境変数は、echo コマンドを使って表示できます。

　例：$ echo $LANG

環境変数	設定内容	設定値の例
HOME	コマンドを実行しているユーザの ホームディレクトリ	/home/urata
LANG	地域情報（ロケール）	en_US.UTF-8
PATH	実行できるコマンドが格納されている パス(ディレクトリ)。コロンで区切っ て複数指定できる	/home/urata/.local/bin:/home /urata/bin:/usr/local/bin:/usr/ bin:/usr/local/sbin:/usr/sbin
PWD	カレントディレクトリ （現在のディレクトリ）	/home/urata
SHELL	現在のシェルの起動パス	/bin/bash
USER	ログイン名	urata

〔図 6-22〕環境変数の例

6.1.13. エイリアス

シェルのエイリアス（alias）機能をつかって、コマンド名を自分用に変更することができます（エイリアスには別名や偽名、通称という意味があります）。

エイリアス機能の利用例：

- よく使うコマンドを短くする
- オプションを含めてコマンド名とする
- 他の OS と同じコマンドを定義する（打ち間違いを減らす）

エイリアスの設定は次のように行います。構文は以下の通りです。

```
alias <定義名>='<オリジナル>'
```

コマンドラインで、

```
$ alias
```

と入力すると、設定されているエイリアスが表示されます。エイリアスの設定例を図 6-23 に示します。

その他、シェルでのキー操作による便利な使い方を図 6-24 に示します。

エイリアスの設定	意味
alias cp='cp -i'	cp（ファイルのコピー）コマンドに-iオプションを付与したコマンドをcpという名前で定義する。コピー先に同名のファイルがある場合は上書きするか確認される。
alias mv='mv -i'	mv（ファイルやディレクトリを移動）コマンドに-iオプションを付与したコマンドをmvという名前で定義する。移動先に同名のファイルがある場合は上書きするか確認される。
alias rm='rm -i'	rm（ファイル削除）コマンドに-iオプションを付与し、rmという名前で定義する。削除対象ファイルを削除してよいか確認される。
alias del='rm -ri'	rm（ファイル削除）に-rオプション（ディレクトリを再帰的に削除する）、-iオプション（削除対象ファイルを削除してよいか確認する）を付与し、そのコマンドをdelという名前（別名）で定義する（Windowsのコマンドプロンプトの削除コマンドと同じ名前にする）。
alias md='mkdir'	mkdir（ディレクトリを新規作成）コマンドを、mdという名前（別名）で定義する（Windowsのコマンドプロンプトのコマンドと同じ名前にする）。
alias rd='rmdir'	rmdir（ディレクトリを削除）コマンドを、rdという名前（別名）で定義する（Windowsのコマンドプロンプトのコマンドと同じ名前にする）。
alias cls='clear'	clear（画面をクリア）コマンドを、clsという名前（別名）で定義する（Windowsのコマンドプロンプトのコマンドと同じ名前にする）。
alias sl='ls -FC'	ls（ファイル、ディレクトリの一覧を表示）コマンドに-F,-Cオプションを付与し、そのコマンドをslという名前（別名）で定義する。

〔図 6-23〕エイリアスの設定例

キー操作	機能
Tab	コマンドやファイルの残りを補完、2回押すと候補を表示
Ctrl+P or ↑	コマンド入力履歴をさかのぼる (previous-history)
Ctrl+N or ↓	コマンド入力履歴を進める (next-history)
Ctrl+A	行頭に移動 (beginning-of-line)
Ctrl+E	行末に移動 (end-of-line)
Ctrl+F or →	ひとつ後（右）の文字に移動 (forward-char)
Ctrl+B or ←	ひとつ前（左）の文字に移動 (backward-char)
Ctrl+D or Del	カーソル位置を一文字削除 (delete-char)
Ctrl+H or BackSpace	カーソル左の文字を一文字削除(backward-delete-char)
Ctrl+U	カーソルより左の文字をすべて削除(unix-line-discard)
Ctrl+L	画面クリア(clear-screen)
!!	ひとつ前のコマンドを実行
!<キーワード>	ひとつ前の<キーワード>で始まるコマンドを実行
*	任意の文字列
?	任意の一文字

〔図 6-24〕シェルの便利な使い方

6．1．14．　シェルのカスタマイズ

　利用者のホームディレクトリにある設定ファイル（~/.bashrc）を編集することで、ユーザのシェル環境をカスタマイズできます。設定ファイルを書き換えた後は、source コマンドを実行し、その設定を読み込ませる（有効化する）必要があります。

```
$ source ~/.bashrc
```

実習 6-3
.bashrc で、環境変数やエイリアスを設定し使いやすいように環境設定せよ。

6.2. パッケージのインストール

6.2.1. パッケージ

Linux のコマンドやアプリケーションはパッケージとして配布されているので、機能追加や最新化をするにはパッケージをインストールする必要があります。Red Hat 系 Linux ディストリビューションでは、パッケージ管理を RPM 形式のファイルで行います[36]。

- RPM：バイナリパッケージ（実行可能なプログラム）
- SRPM：ソースパッケージ（プログラムのソースコードファイル）

※ RPM: Red Hat Package Manager

例えば、RPM 形式のパッケージのファイル名から以下のことが分かります。

RPM ファイル名：	kernel-4.18.0-147-el8.x86_64.rpm
パッケージ名：	kernel
バージョン番号：	4.18.0
リリース番号（ビルド番号）：	147-el8
対象ディストリビューション：	el8（Enterprise Linux 8）
アーキテクチャ：	x86_64
サフィックス：	rpm

RPM 形式のパッケージファイルには、改ざん防止のためリリース元の GPG(GNU Privacy Guard) 署名が付与されています。この GPG 署名をチェックすることで、パッケージファイルが信頼できるものか（第三者により改ざんされたものでないか）を確認することができます。通常、パッケージ管理コマンド（dnf）でパッケージのインストールやアップデートを行う場合は GPG 署名の自動検証が有効になっています。/etc/yum.conf ファイルの [main] セクションで gpgcheck=1 と設定されていることを確認して下さい。

6．2．2．リポジトリ

　リポジトリ (Repository) とは、一般的には「倉庫」や「貯蔵庫」を意味し、AlmaLinux を含む Red Hat 系ディストリビューションではソフトウェアパッケージを保管する保管庫のことを指します。リポジトリとパッケージ管理システムがあることで、ソフトウェアの置き場所や、バージョン情報をユーザが意識することなく、新しいソフトウェアを導入したり、バージョンアップしたりすることができます。

6．2．3．パッケージの操作

　Red Hat 系のディストリビューションでパッケージを操作するには、①コマンドラインから操作する方法と、②GUIから操作する方法があります。
　　①コマンドラインから操作する方法：dnf（AlmaLinux、CentOS 8),
　　　yum（CentOS 7）
　　②GUI から操作する方法（GUI 導入後に使えます）：gnome-software
　　　（アクティビティ→ソフトウェア で起動する）
　本書では主に①のコマンドラインから操作する方法について解説します。AlmaLinux では、パッケージの管理に dnf コマンド（図 6-25）を利用します。

　dnf コマンドの機能・特徴は以下の通りです。
- RPM パッケージを操作するためのソフトウェア（Red Hat 系ディストリビューションの Ver.8 から導入された。CentOS 7 では yum コマンドを利用）
- 目的のパッケージを操作（ダウンロード、インストール、アップデート、削除）
- パッケージグループを指定して複数のパッケージをまとめてインストール
- パッケージの依存関係から必要なパッケージを全てインストール
- インストール済みのパッケージを把握して、アップデートが必要なパッケージをインストール

コマンド名	dnf (Dandified Yum)	
説明	RPMベースOSのパッケージマネージャ	
書式	dnf [options] <command> [<args>...]	
コマンド例	$ dnf check-update	インストール済で更新可能なパッケージを確認する
	# dnf upgrade	インストール済パッケージを更新する
	# dnf install <package名>	packageをインストールする
	# dnf list --installed	インストール済パッケージ一覧を表示する
	# dnf group install <グループ名>	パッケージグループをインストールする
その他		

〔図 6-25〕dnf コマンド

dnf コマンドの <command> の前に group をつけると、まとまった単位のソフトウェア群（パッケージグループ）の操作が可能です（図 6-26）。

```
# dnf group install <グループ名>
# dnf group update <グループ名>
# dnf group remove <グループ名>
# dnf group list
  →どんなグループ名があるか一覧を表示する
```

〔図 6-26〕dnf グループ管理コマンド

6.3. GUI の導入

6.3.1. X11

Linux でウィンドウシステムを導入すると、GUI が使えるようになります。UNIX で標準的なウィンドウシステムは X11 であり、Linux でも X11 が使えます。X11 は X Window System とも呼ばれており、X.Org Foundation が提供するウィンドウシステムです[37]。1984 年に米国マサチューセッツ工科大学（MIT：Massachusetts Institute of Technology）で開発されたウィンドウシステムである X の第 11 版で、広く使われています。Linux では、X11 上で動作するデスクトップ環境 GNOME（GNU Network Object Model Environment）と合わせて利用できます。

X11 は図 6-27 に示すように、X サーバと X クライアントからなるクライアント・サーバ型のアプリケーションです。各種アプリケーションは X クライアントとして動作し、ローカルホストの X サーバがサーバとして動作します。X クライアントはアプリケーションを起動してユーザからの操作情報（入力）を受け取り、X サーバに対して画面描画を要求します。X サーバはユーザのキーボード、マウスの操作情報を X クライアントに送信したり、X クライアントからの要求に応じて画面表示を行います。リモートホストの X クライアントも実行可能です。ウィンドウ、メニュー、アイコンによりウィンドウを制御するウィンドウマネージャやデスクトップ環境である GNOME も X クライアントとして

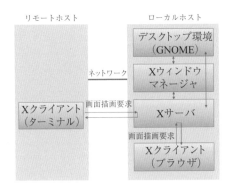

〔図 6-27〕X サーバと X クライアント

動作します。デスクトップ環境はXクライアントと実行中のプロセス
の通信を制御して、ドラッグ＆ドロップなどの操作を可能します。また
GUI の Look&Feel のカスタマイズも可能です。

6.3.2. GUIパッケージのインストール

　Linux で GUI 操作ができるように X11 や GNOME をはじめとする
GUI 関連のパッケージを追加します。ここでは、次のコマンドを実行し
て Workstation グループのパッケージをグループインストールします。

```
$ sudo dnf -y group install Workstation
```

　PC 性能、ネットワーク速度にもよりますが、1,000 以上のパッケージ
が追加インストールされるので時間がかかります。インストールが完了
したら図 6-28 のように「Complete!」と表示されます。

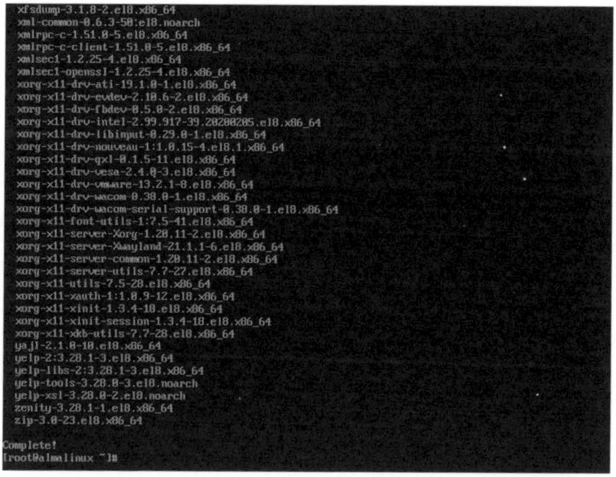

〔図 6-28〕Workstation のインストール完了画面例

　インストールが完了したら、コマンドラインから X11 の起動コマン
ド（startx）で GUI を起動して下さい。

```
$ startx
```

　GUI 環境を提供する GNOME（図 6-29）が起動します。

〔図 6-29〕GNOME Desktop

すぐに Welcome 画面（図 6-30）が表示されます。English のまま Next
をクリックして下さい。

〔図 6-30〕Welcome 画面

次に、キーボード・レイアウトの設定画面（図 6-31）が表示されます。
日本語キーボードを利用している場合は Japanese を、英語キーボードを
利用している場合は English(US) を選択し Next をクリックしてください。

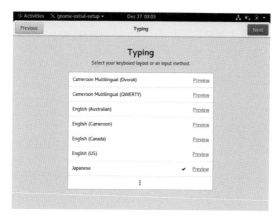

〔図6-31〕キーボードレイアウト選択画面

　次に Privacy の設定画面（図6-32）が表示されます。Location Service 利用を OFF にして Next をクリックして下さい。

〔図6-32〕Privacy の設定画面

　Online Account の設定画面（図6-33）が表示されます。特に利用しない場合は Skip をクリックして下さい。

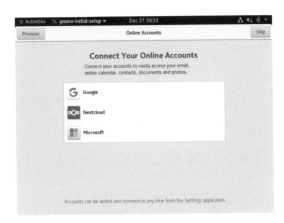

〔図6-33〕Online Accounts 設定画面

　以上で設定は完了です。図6-34が表示されたら「Start Using AlmaLinux」をクリックして下さい。

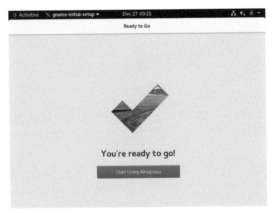

〔図6-34〕インストール完了画面

　図6-35の Getting Started の画面が表示されます。アプリケーションの起動や、タスク切り替えの方法といった AlmaLinux の GUI 利用方法を案内するビデオを見ることができます。ウィンドウ右上の × で閉じて下さい。

〔図 6-35〕Getting Started の画面

　以上で GUI 環境のインストールが完了しました。

６．３．３．　GNOME Desktop の使い方

（1）アプリケーションメニューを表示する（図 6-36）

　画面上部のメニュー左側（Activities）をクリックするとアプリケーションメニューが表示されます。使用するアプリケーションをクリックで選択してください。

〔図 6-36〕アプリケーションメニューの表示

(2) 設定メニューを表示する（図6-37）

画面上部のメニュー右側（▼）をクリックすると設定メニューが表示されます。ネットワーク設定やシャットダウンもメニューから実行できます。

〔図6-37〕設定メニューの表示

(3) Terminal を起動する（図6-38）

アプリケーションメニューから Terminal を選択すると、コマンドライン入力がでるようになります。

〔図6-38〕Terminal の起動

6．3．4．VirtualBox Guest Additions のインストール

Oracle 社より提供されているツール（VirtualBox Guest Additions）をインストールすることで、下記の機能が使えるようになります。

- GUI 画面の解像度の変更
- ホスト OS、ゲスト OS 間の共有フォルダの作成
- ホスト OS、ゲスト OS 間でコピー＆ペースト

Guest Additions のインストール方法は以下の通りです。

① VirualBox の最新化

VirtualBox の公式ページを確認し、VirtualBox の最新バージョンがリリースされていれば、ダウンロードしてインストールし、VirtualBox を最新化して下さい。

https://www.virtualbox.org/wiki/Downloads

② AlmaLinux システムの最新化

以下の dnf コマンドを利用してシステムを最新化して下さい。

```
$ sudo dnf check-update
$ sudo dnf -y upgrade
```

③ VirtualBox Guest Addtions のインストールに必要なパッケージソフトウェアを追加インストールして下さい。

```
$ sudo dnf -y install gcc make bzip2 kernel-devel elfutils-libelf-devel
```

④ VirtualBox Guest Addtions インストーラ起動

VirtualBox 上部の、「Device」→「Insert Guest Additions CD image」を選択（図 6-39）し、画面の指示（図 6-40、図 6-41）に従いインストールを実行して下さい。図 6-42 のように「Press Return to close this window...」と表示されるとインストールが完了します。

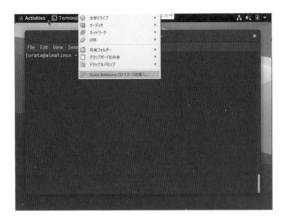

〔図 6-39〕Guest Additions CD イメージの挿入

〔図 6-40〕Guest Additions のインストール開始

〔図 6-41〕実行ユーザのパスワード入力（sudo を実行）

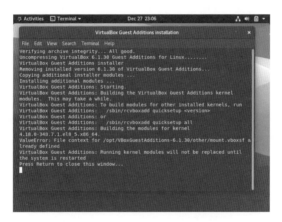

〔図 6-42〕インストール完了画面

　インストールが終了すると図 6-43 のように GUI 画面の画面サイズが変更できます。

〔図 6-43〕画面解像度の変更

ホスト OS とゲスト OS 間でのファイル共有は以下の手順で設定でき
ます。

① AlmaLinux でホスト OS のフォルダを共有するマウントポイント
　（ディレクトリ）（例：/share）を root 権限で作成します。

②一旦、AlmaLinux をシャットダウンします。

③ホスト PC 上で、AlmaLinux と共有するフォルダ（例：C:¥share）を
　作成します。

④ VirtualBox マネージャで、AlmaLinux の「設定」→「共有フォルダー」
　を選択します。

⑤追加ボタン（＋）をクリックして設定値を入力します（図 6-44）。

- フォルダーのパス：作成した共有フォルダ C:¥share を設定します。
- 自動マウント：チェックを入れます。
- マウントポイント：/share（AlmaLinux のディレクトリ）を設定します。

⑥ AlmaLinux を起動します。

⑦ /share へのアクセス権限を追加します。例えば、/share をアクセス
　できるグループ vboxsf にユーザ urata を追加します。

```
# gpasswd -a urata vboxsf
```

⑧ AlmaLinux を再起動して、ログインすると /share が共有ディレクト
　リとして利用できます。

〔図6-44〕ファイル共有の設定

　また、VirtualBox マネージャで、AlmaLinux の「設定」→「一般」→「高度」を選択して、クリップボードの共有やドラッグ & ドロップの設定をすることもできます。

6.4. 脆弱性対策の重要性

　コンピュータの OS やソフトウェアにおいて、プログラムの不具合や設計上のミスが原因となって発生した情報セキュリティ上の欠陥を「ソフトウェアの脆弱性」や「セキュリティホール」と呼びます。悪意をもったユーザからソフトウェアの脆弱性を攻撃されると、不正アクセスや、ウィルス感染の危険性があります。3.3.3 節で説明したセキュリティ対策に加え、サーバで実施すべき事項について説明します。

6.4.1. 脆弱性の確認方法

　サーバ（特にインターネットに公開しているサーバ）の運用においては、いち早く脆弱性情報を取得し、不正アクセス等に備える必要があります。特に、ゼロデイ攻撃と呼ばれる脆弱性が発見されてからメーカ等が修正プログラムを配布するまでの間に受ける攻撃は、攻撃に対する防御が難しいため、最新の情報をいち早く入手し、対策を考える必要があります。

　最新の脆弱性関連情報については、JPCERT/CC（Japan Computer Emergency Response Team Coordination Center）から入手することができます。

- JPCERT/CC（https://www.jpcert.or.jp）の「注意喚起」「脆弱性関連情報」を参照してください。

実習 6-4

JPCERT/CC で提供されている脆弱性関連情報を確認せよ。

6.4.2. 対策の仕方

　まず、脆弱性に関する情報を入手し、以下の項目の確認を行ってリスクと対処方法を検討します。

- 脆弱性があるバージョンを使っているか？ 脆弱性がある設定を使っているか？
- 脆弱性に対処済みのバージョンはいくつか？ 対処済みのパッケー

ジが提供されているか？

- 脆弱性の評価（攻撃された場合の危険性、被害の大きさ）はできているか？

現在インストールされているパッケージの更新をすることで、該当するソフトウェアを最新化し、脆弱性に対処済みのバージョンを利用できる場合があります。但し、脆弱性に対処したバージョンが提供されていない場合は、別の方法を考える必要があります。

- 対策されたパッケージがまだ配布されていない / ソフトウェアの提供元から配布予定が無い場合：
  - ➤ セキュリティパッチを適用したソースコードをダウンロードし、自らコンパイル（ビルド）して、個別にソフトウェアを更新する
  - ➤ ファイアウォール（Firewall）や、ウェブアプリケーションファイアウォール（WAF）を用いて、インターネットからの不正なアクセスを遮断する
  - ➤ 脆弱性を含む機能を設定ファイルで無効化（disable）し利用しないようにする

実習のヒント
実習 6-1 〜 4
省略

⑦ システムの設定と管理

第7章では Linux のシステム設定を進めサーバを構築し、簡単な運用を行います。また、サーバを管理し運用していく上で必要なリソース管理やバックアップ、ログ管理について確認していきます。本章で構築する Linux サーバ環境は図 7-1 のような構成になります。

7.1. ネットワークの設定

第4章で仮想マシンを作成し、第5章で Linux をインストールしました。作成した仮想マシンのネットワークは図 7-2 のようなゲスト OS →ホスト OS の方向のみ通信が可能な NAT（Network Address Translation）構成となっていました。

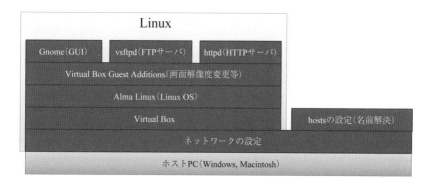

〔図 7-1〕構築する Linux サーバ環境

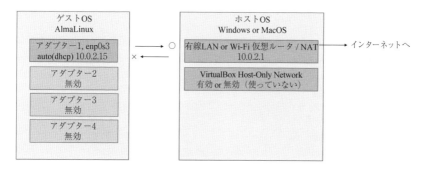

〔図 7-2〕仮想マシンのネットワーク（NAT）

　ホスト OS からゲスト OS にログインし、またゲスト OS 上のサーバをホスト OS から利用できるようにするため、図7-3 に示すように①ホスト OS の仮想ネットワークアダプタ（Host-Only Network）を有効化し、②仮想マシンに仮想ネットワークアダプタを 1 つ追加後、ホスト OS の Host-Only Network と接続します。その後③ Linux の設定で追加した仮想ネットワークアダプタに固定 IP アドレスを設定します。

　物理マシンではネットワークアダプタの増設は、図7-4 のような（物理的な）ネットワークアダプタを使って増設を行いますが、仮想環境では仮想化ソフトが提供する仮想ネットワークアダプタを使って増設します。
①ホスト PC の仮想ネットワークアダプタの作成

　まず、VirtualBox マネージャのメニューにある「ツール」→「ネットワーク」から、Host-Only Ethernet Adapter の存在を確認して下さい。

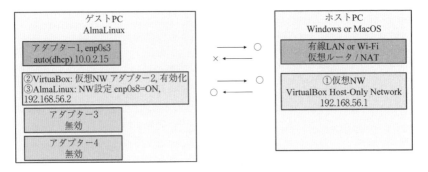

〔図7-3〕仮想マシンのネットワーク（NAT+Host-Only Network）

・LANカード（PCI-Express接続）・LANアダプタ（USB接続）

〔図7-4〕増設用ネットワークアダプタ（例）

VirtualBox Host-Only Ethernet Adapter がない場合は、「作成」アイコン
をクリックし Host-Only Ethernet Adapter を作成します。
また、Host-Only Ethernet Adapter の IP アドレスを確認します（図 7-5
の例では、192.168.56.1 が IP アドレスです）。

〔図 7-5〕ホスト PC の仮想ネットワークアダプタの作成

②ゲスト PC の仮想ネットワークアダプタの追加
　VirtualBox マネージャから作成した仮想マシンに仮想ネットワークア
　ダプタを追加します。仮想マシンの「設定」→「ネットワーク」→「ア
　ダプター 2」と進んで図 7-6 のように、
　　• ネットワークアダプタを有効化 : ON
　　• 割り当て : ホストオンリーアダプター
　　• ケーブル接続 : ON
　の設定をして下さい。

〔図 7-6〕仮想マシンの仮想ネットワークアダプタの追加

③ AlmaLinux のネットワーク設定（固定 IP 設定）

AlmaLinux を起動してからログインし、startx を実行して GUI を起動します。以下の手順で、追加したネットワークアダプタを有効化し、固定 IP を設定します。

- 画面左上の Activities → Show Applications をクリック
- Setting → Network を選択し、enp0s8 を ON に変更（図 7-7）
- enp0s8 の歯車→ IPv4 → Manual で、作成した仮想ネットワークアダプタに IP アドレスを設定（図 7-8）
  ➢ IP=192.168.56.2, Netmask=255.255.255.0, Gateway= 空白（設定しない）
  ➢ DNS と Routes を OFF に変更
- enp0s8 の歯車→ IPv6 → IPv6 Method を Disable に設定

上記設定ができたら、Apply をクリックして設定を完了します。

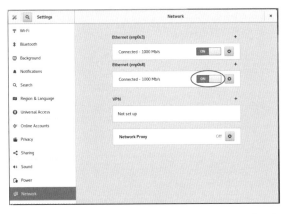

〔図 7-7〕仮想ネットワークアダプタの有効化（ON）

〔図 7-8〕仮想ネットワークアダプタの IP アドレス設定

　上記の①～③の設定後、ゲスト PC を再起動して、ホスト PC(192.168.56.1) からゲスト PC(192.168.56.2) への疎通を確認します。図 7-9 のように ping コマンドで確認ができます。

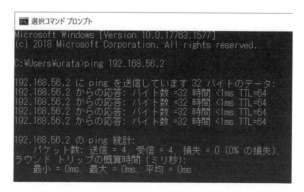

〔図 7-9〕ホスト OS からゲスト OS への疎通確認

7.2. 名前解決

7.2.1. 名前解決の設定

　Linux での名前解決には、2.4.8 節で説明した DNS を用いる方法と hosts ファイルと呼ばれる IP アドレスと名前の対応表を用いる方法があります。

　DNS サーバはゾーンと呼ばれるドメイン名空間の一部を管理単位として管理します。ゾーンはドメイン名空間上のノード、もしくはそれ以下のノードの全部あるいは一部です。DNS サーバはゾーン内の他の DNS サーバに下位のゾーンの管理を委託できます。ゾーン内では、DNS サーバ（マスターサーバとスレーブサーバ）が運用されます。また組織内で名前解決を仲介して一時的にその情報を保持し、名前解決の効率化を図る DNS キャッシュサーバを運用することがあります。

　Linux から問い合わせをする DNS サーバの設定は 5.3.4 節の Linux インストール時のネットワーク設定で完了していますが、GUI からネットワーク設定を選択することで確認ができます（図 7-10）。DHCP で IP アドレスを取得しているときは自動的に設定されています。

〔図 7-10〕ネットワーク設定の確認

　UNIX 系の OS では DNS サーバの情報は /etc/resolv.conf に保管されており、Linux でも図 7-11 のような情報が記載されています。

```
# Generated by NetworkManager
search flets-east.jp
nameserver 192.168.0.1
```

〔図7-11〕resolv.conf の例

図 7-11 で、search の次に書かれている flets-east.jp が DNS の検索ドメイン（ホスト名だけで検索可能なドメイン）で、nameserver として設定されているのが DNS サーバの IP アドレスです。

名前解決するもう一つの方法として hosts ファイルを用いることができます。Linux では、/etc/hosts に IP アドレスと名前の組を記述することで、名前でホストにアクセスできるようになります。例えばホスト PC の名前を parent、IP アドレスを 192.168.56.1 としたとき、/etc/hosts に

```
    192.168.56.1          parent
```

と追記すれば、以下のようにホスト PC を parent という名前でアクセスできるようになります。

```
    $ ping parent
```

また、ホスト PC の hosts ファイルに Linux の名前を設定するとホスト PC から Linux を名前でアクセスできるようになります。hosts ファイルの場所は以下の通りです。

- Windows 10：

  C:¥Windows¥System32¥drivers¥etc¥hosts

  「メモ帳」を右クリックして「管理者として実行」で起動し、このファイルを開くと編集、保存ができます。

- MacOS X：

  /private/etc/hosts

  「ターミナル」を起動し vi を使って編集します。管理者として編集する必要があるので、sudo をつけて vi を実行します。

実習 7-1

ホスト PC とゲスト PC で hosts ファイルを設定し、互いのアクセスに
おいて名前解決できるようにせよ。

7．2．2．DNS サーバの構築

Linux に DNS サーバを構築すると、独自の DNS サーバを用いて名前解
決ができるようになります[36]。ここでは、DNS サーバとして UNIX 環境
で広く使われている BIND（Berkley Internet Name Domain）を導入します。
BIND は ISC（Internet Systems Consortium）が配布するフリーソフトウェアで、
マスターサーバ、スレーブサーバ、DNS キャッシュサーバが構築できます。

ここでは実習用の独自ドメインを管理する DNS サーバの構築方法を
説明します。以下の手順で行います。

①パッケージのインストール

BIND のパッケージである bind と bind-libs をインストールします。

```
# dnf -y install bind bind-libs
```

②初期設定ファイルの編集

BIND に含まれる DNS サーバは named というデーモンプログラムで
す。BIND をインストールすると named の設定ファイル /etc/named.
conf が作成されるので、これを編集します。図 7-12 に示すように、
named がリクエストを受け付ける IP アドレスと named にアクセスで
きるホストを追加します。

```
options {
        listen-on port 53 { 127.0.0.1; 192.168.56.2; };    namedがリクエストを受け付ける
        listen-on-v6 port 53 { ::1; };                      ポート番号とアドレス
                                                            (AlmaLinuxのIPアドレスを追加)
        directory       "/var/named";
        dump-file       "/var/named/data/cache_dump.db";
        statistics-file "/var/named/data/named_stats.txt";
        memstatistics-file "/var/named/data/named_mem_stats.txt";
        secroots-file   "/var/named/data/named.secroots";
        recursing-file  "/var/named/data/named.recursing";
        allow-query     { localhost; localnets; };   namedにアクセスできるホスト
                                                     (同じサブネット(localnets)のホストを追加)
```

〔図 7-12〕/etc/named.conf の編集

また、/etc/named.conf に DNS サーバが管理するゾーンの名前情報を設定するゾーン DB ファイルを追記します。ここでは、linux.test というドメインを用いることとして図 7-13 のような項目を追加します。ここでは正引き（名前から IP アドレスを検索）のファイルを linux.test.db、逆引き（IP アドレスから名前を検索）のファイルを 56.168.192.in-addr.arpa.db としています。なお、逆引きファイル名はゾーンの IP アドレスを逆に並べたような形式をしています。

```
zone "linux.test" {
        type master;                     正引き（名前→IPアドレス）
        file "linux.test.db";            ここでは、linux.testドメインをゾーンとして設定
};

zone "56.168.192.in-addr.arpa" {         逆引き（IPアドレス→名前）
        type master;                     ここでは192.168.56.0をゾーンとして設定
        file "56.168.192.in-addr.arpa.db";
};
```

〔図 7-13〕/etc/named.conf へのゾーン DB 情報の追加

③ゾーン DB ファイル（正引き、逆引き）の作成

/etc/named.conf に directory として設定されている /var/named の下に正引きファイル（図 7-14）と逆引きファイル（図 7-15）を新規で作成します。

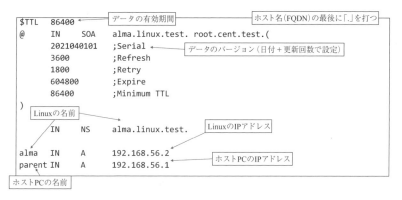

〔図 7-14〕正引きファイル（/var/named/linux.test.db）の作成

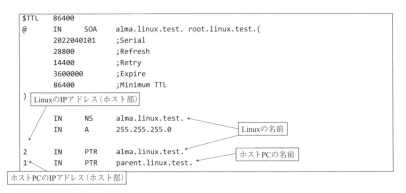

〔図 7-15〕逆引きファイル（/var/named/56.168.192.in-addr.arpa.db）の作成

ここで表記される記号は以下のような意味を持っています。

SOA　　　ゾーンデータベースの保守に関する情報

NS　　　　Name Server: ゾーンを受け持つ DNS サーバの名称

A　　　　Address: ホスト名から IPv4 アドレスへのマッピング

PTR　　　Domain Name Pointer: アドレスからホスト名へのマッピング

CNAME　ホスト名の別名

MX　　　Mail Exchanger: ゾーンにおけるメールサーバの定義

④設定ファイルのチェック

以下のコマンドを実行し、設定ファイルにエラーがないことを確認します。

```
# named-checkconf -z
```

エラーが表示されたら、設定ファイルを修正します。

⑤ポートの開放

他のホストから DNS サーバにアクセスできるようにポートを開放します。

```
# firewall-cmd --add-service=dns
```

⑥ DNS サーバの起動

以下のコマンドで DNS サービスを提供するデーモンプログラム named を起動します。

```
# systemctl start named
```

⑦ DNS サーバの動作確認

DNS サーバの動作を確認します。例えば、図 7-16 のように nslookup
を用いて DNS サーバ設定してから名前解決ができることを調べられ
ます。

```
[alma@alma ~]$ nslookup
> server 192.168.56.2
Default server: 192.168.56.2
Address: 192.168.56.2#53
> alma.linux.test
Server:         192.168.56.2
Address:        192.168.56.2#53

Name:   alma.linux.test
Address: 192.168.56.2
> 192.168.56.2
2.56.168.192.in-addr.arpa      name = alma.linux.test.
>
```

〔図 7-16〕DNS サーバの動作確認

7.3. ファイルサーバ

　他の利用者とネットワーク経由でファイルをやりとりする方法とし
て、ファイルサーバが利用されます。3.2.7 節で説明したようにファイ
ルサーバを利用した方法は大きく分けて、①ファイル共有を利用する方
法と、②ファイル転送を利用する方法の 2 つがあります。

7.3.1. ファイル共有

　ファイル共有とは、他のホストのファイルシステムをネットワーク経
由で自分のファイルシステムにマウント（接続）して、ファイルを共有す
るサービスです。自分のファイルシステムの一部のように扱うことがで
き、分かりやすいためよく利用されています。ファイル共有で利用され
るプロトコルを以下に示します。最近は Windows で利用されている SMB
プロトコルを MacOS がサポートしており、SMB の利用が進んでいます。
- NFS : 主に Unix/Linux で利用される
- SMB: 主に Windows で利用され（実装例 :Samba）MacOS もサポート
  している
- AFP: 主に Mac で利用される

7.3.2. NFS

　NFS は図 7-17 のようにリモートホスト上にあるファイルシステムを、
ローカルホストにあるファイルシステムと同様に使用できるサービスで
す。mount コマンドでリモートホストのファイルシステムをマウントす
ることが可能で、例えば以下のようにコマンド実行します。

```
# mount -t nfs remote:/export/home /nfs/home
```

〔図 7-17〕NFS の接続イメージ

7.3.3. Samba

Samba は UNIX 系 OS を用いて Windows Network へ接続する機能を持たせるソフトウェア名で、Linux と Windows とのファイル共有を可能にします。MacOS も Samba をサポートしており Windows とのファイルが共有可能です。Windows からのファイルアクセスやプリンタを共有する機能も実装されています。

Linux でインストールできる Samba パッケージには、以下の項目が含まれています。
- SMB（CIFS）サーバ：Windows からのアクセス
- WINS サーバ：NetBIOS による名前解決
- SMB（CIFS）クライアント：Windows へのアクセス

7.3.4. ファイル転送

ファイル転送は、FTP プロトコルを利用してホスト間でファイルを転送するサービスです。FTP はインターネットが使い始められた初期からのサービスであり、Linux や BSD 系 OS 等のオープンソースソフトウェアの配布にも利用されています。FTP コマンドを利用してリモートホストにログインしてファイルを操作します。FTP のシーケンスやコマンドの詳細は 3.2.7 節を参照して下さい。

FTP では、ユーザ名、パスワードの転送を暗号化しない平文で行っているため、セキュアにするには暗号化した認証を行う必要があります。本書では説明しませんが、暗号化と認証を行うパッケージ openssl を導入して暗号化の鍵や証明書を作成し、FTPS（File Transfer Protocol over SSL/TLS）を行う方法もあります。

FTP や FTPS の代わりに SSH の仕組みを用いて、暗号化や認証の機能を強化した SCP/SFTP を利用したファイル転送も利用されています。SCP/SFTP では SSH のポート TCP/22 を利用します。

7.3.5. FTP サーバのインストール

Linux で広く用いられている FTP サーバ vsftpd（very secure FTP

daemon）をインストールします[36]。vsftpd は GPL（GNU General Public License）のオープンソースソフトウェアです。

以下の手順で vsftpd を AlmaLinux にインストールします。合わせて通信ポートの開放設定と vsftpd の自動起動の設定を行って下さい。

- パッケージのインストール $ sudo dnf -y install vsftpd
- インストールの確認　　　$ sudo dnf list installed | grep vsftpd
- ポートの開放設定　　　　$ sudo firewall-cmd --add-service=ftp
- ポート開放後の確認　　　$ sudo firewall-cmd --list-services
- 設定ファイルへの書込　　$ sudo firewall-cmd --runtime-to-permanent

- vsftpd の起動　　　　　$ sudo systemctl start vsftpd
- vsftpd の状態確認　　　$ sudo systemctl status vsftpd
- vsftpd の自動起動設定　$ sudo systemctl enable vsftpd
- vsftpd の自動起動設定確認 $ sudo systemctl is-enabled vsftpd

7．3．6．FTP の実行

ホスト OS からゲスト OS に FTP を実行します。Windows で FTP を利用する場合、コマンドライン（Windows PowerShell やコマンドプロンプトなど）から、リモートホストに ftp（又は sftp）コマンドを用いてログインしてください。MacOS で FTP を利用する場合は、OS のバージョンにより実装されているコマンドが異なります。

- MacOS Sierra 10.12 以前：ftp
- MacOS High Sierra 10.13 以降：sftp（ftp とコマンド体系は同様）

sftp では ssh と同様、ユーザ名とホスト名をコマンド入力時に指定してください。

```
$ sftp [Linux のユーザ名 ]@[ リモートホスト ]
例：$ sftp urata@alma
    $ sftp urata@192.168.56.2
```

ホスト OS（Windows）のカレントディレクトリに test-windows.txt を配

置し、Linux のホームディレクトリに test-almalinux.txt を事前に準備し
てファイル転送を行う例を説明します。ここで、Linux には alma とい
う名前でアクセスをします。

```
C:\Users\urata>ftp alma
alma に接続しました
220 (vsFTPd 3.0.3)
200 Always in UTF8 mode.
ユーザー (alma:(none)): urata
331 Please specify the password.
パスワード ( パスワードを入力して下さい )
230 Login successful.
ftp> ls *.txt
200 PORT command successful. Consider using PASV.
150 Here comes the directory listing.
test-almalinux.txt
226 Directory send OK.
ftp: 23 バイトが受信されました 0.00 秒 11.50KB/ 秒

ftp> !dir *.txt
 ドライブ C のボリューム ラベルは Windows です
 ボリューム シリアル番号は F4AA-0F1A です
 C:\Users\urata のディレクトリ
2021/11/14  01:20                29 test-windows.txt
               1 個のファイル              29 バイト
               0 個のディレクトリ  529,050,255,360 バイトの空き領域
ftp> put test-windows.txt
200 PORT command successful. Consider using PASV.
150 Ok to send data.
226 Transfer complete.
ftp: 29 バイトが送信されました 0.00 秒 29.00KB/ 秒
ftp> get test-almalinux.txt
200 PORT command successful. Consider using PASV.
150 Opening BINARY mode data connection for test-almalinux.txt (31 bytes).
226 Transfer complete.
ftp: 31 バイトが受信されました 0.00 秒 31000.00KB/ 秒
```

```
ftp> quit
221 Goodbye.
```

　sftp でも ftp と同様にアクセスできます。初めて sftp のサーバ（ssh サ
ーバ）に接続する際に以下のメッセージが表示されることがあります。
これは 3.3.5 節で説明したように暗号化通信を設定する際に相手（サー
バ）の公開鍵を信頼する鍵として使ってよいか確認するものであり、特
に問題がなければ yes を回答して下さい。1 回 yes を回答するとその鍵
の情報がファイルに記録され、以降は聞いてこなくなります。逆に一度
yes を回答しているにも関わらず再度聞いてきた場合は接続先が正しい
か確認して下さい。

```
C:\>sftp urata@192.168.56.2
The authenticity of host '192.168.56.2 (192.168.56.2)' can't be established.
ECDSA key fingerprint is SHA256:G+F1iT5y+Ibg181COKujpCvDi2miluFUou9x1RKYueI.
Are you sure you want to continue connecting (yes/no/[fingerprint])?
```

〔図 7-18〕公開鍵の確認メッセージ

```
C:\Users\urata>sftp urata@alma
urata@alma's password:(パスワードを入力して下さい)
Connected to alma.

sftp> ls *.txt
test-almalinux.txt

sftp> !dir *.txt
 Volume in drive C is Windows
 Volume Serial Number is F4AA-0F1A
 Directory of C:\Users\urata
2021/11/14  01:20                    29 test-windows.txt
               1 File(s)             29 bytes
               0 Dir(s)   532,858,118,144 bytes free
sftp> put test-windows.txt
Uploading test-windows.txt to /home/urata/test-windows.txt
```

```
test-windows.txt
100%    29    14.5KB/s    00:00
sftp> get test-almalinux.txt
Fetching /home/urata/test-almalinux.txt to test-almalinux.txt
/home/urata/test-almalinux.txt
100%    31    31.0KB/s    00:00
sftp> quit
```

実習 7-2

　ホスト PC（Windows、MacOS）のファイルをゲスト PC（Linux）に ftp または sftp を用いて転送せよ。また、ゲスト PC 上の任意のファイルをホスト PC に取得せよ。

　またやりとりしたファイルが正常であるか（壊れていないか）についても確認せよ。

7．4．Web サーバ

3.2.5 節で説明した Web サーバを構築し運用・管理の実習を行います。

Web サーバは WWW サービスを行うサーバで、以下のようなソフトウェアがあります。

• CERN httpd（1991-1996）

WWW の発明者 Tim Berners-Lee らによって最初に開発された Web サーバです。

• NCSA HTTPd（1993-1995）

Mosaic Web ブラウザに対応するサーバで、CGI を導入しました。

• Apache HTTP Server（1995-）

Apache Software Foundation によって公開されているフリーソフト。NCSA HTTPd を引き継ぐ形で開発されましたが、その後ソースコードは全て書き換えられました。2009 年には 1 億以上の Web サイトで採用されていました。

• Microsoft IIS（1996-）

Windows で提供される商用サーバです。

• nginx（2004-）

F5 ネットワークス傘下の Nginx 社がフリーのオープンソースとして提供する軽量、高速な Web サーバで、急速にシェアを拡大しています。

　ここでは、よく用いられているサーバの 1 つである、Apache HTTP Server（Apache と略します）を導入します。Apache には以下のような特徴があります。

　　・オープンソースソフトウェア（OSS）

　　・信頼性が高い

　　・PHP やデータベースと連携が容易

　　・モジュールで基本機能を拡張可能

　　・様々なプラットフォーム（Windows/MacOS/Linux）で利用可能

　　・2021.5 現在、Web サーバで約 34% のシェア（nginx: 約 38%）

7.4.1. Web サーバのインストール

次に示す手順で Apache（パッケージ名：httpd）と関連する必要なパッケージ（httpd-tools, mod_ssl）をインストールします[36]。また合わせて Web で利用するサービス http、https のポート開放設定やデーモンプログラム httpd の自動起動の設定を行います。

Apache 及び関連ソフトのインストール

```
インストール $ sudo dnf -y install httpd httpd-tools mod_ssl
```

Firewall の通信許可設定

```
ポートの開放：        $ sudo firewall-cmd --add-service=http
ポートの開放：        $ sudo firewall-cmd --add-service=https
ポート開放後の確認    $ sudo firewall-cmd --list-services
設定の保存：          $ sudo firewall-cmd --runtime-to-permanent
```

Apache の起動

```
httpd の起動：         $ sudo systemctl start httpd
httpd の起動状態確認   $ sudo systemctl status httpd
httpd の自動起動設定：  $ sudo systemctl enable httpd
httpd の自動起動の確認：$ sudo systemctl is-enabled httpd
```

Apache のインストールが正しく行われ httpd が起動し、Firewall のポート開放（通信許可）の設定が正しく行われていれば、ホスト OS から https://192.168.56.2 に接続することで AlmaLinux の Test Page が表示されます（図 7-19）。

〔図 7-19〕AlmaLinux Test Page

7．4．2．Web ページの公開設定

次に、自分で用意した Web ページ（index.html）を表示させてみましょう。

実習 7-3

ホスト OS で作成した index.html ファイルを、ゲスト OS（Linux）にファイル転送して、Web サーバの公開ディレクトリに配置して Web サーバの動作を確認せよ。その際、公開ディレクトリに対して一般ユーザの書込み権限を設定せよ。

---

httpd の設定ファイルは以下の場所にあります。

```
/etc/httpd/conf/httpd.conf
```

公開ディレクトリはデフォルトでは次の通りに設定されています。

```
/var/www/html
/var/www/cgi-bin
```

/var/www/html は URL ではトップディレクトリ（/）になるので、DocumentRoot と表現されます。

7.4.3. CGI

CGI（Common Gateway Interface）とは、Web サーバ上でプログラムを
実行させるための仕組みであり、動的なコンテンツを生成するための技
術の1つです。Apache HTTP Server では図7-20のように設定ファイル
（/etc/httpd/conf/http.conf）で以下の CGI 関連の設定が行われています。

　・デーモンプログラム httpd を起動するユーザ、グループ
　・CGI を実行するスクリプトを配置するディレクトリ

```
User apache
Group apache
 :
ScriptAlias /cgi-bin/ "/var/www/cgi-bin/"
```

〔図7-20〕Apache HTTP Server の CGI 設定

　CGI スクリプトを配置し実行させる場合は、下記の3点に注意して設
定して下さい。

①利用者が CGI スクリプトを配置するディレクトリ (/var/www/cgi-
　bin) に書き込み (write) できるよう、ディレクトリのアクセス権を
　設定する
②CGI スクリプトは指定されたディレクトリに配置する (/var/www/
　cgi-bin)
③配置した CGI スクリプトを httpd の実行ユーザ apache(User:apache,
　Group:apache) が読み込み (read)・実行 (execute) できるようアクセ
　ス権を設定する

　CGI スクリプトとしては、環境変数と標準入力を参照できて、結果を
標準出力に書き出せるプログラムであれば、言語は問いません。以下は、
プログラムの例です。

　・Perl、Ruby、Python、C、C++ などのプログラム
　・PHP: HTML に組み込んで使うスクリプト
　・ASP: Windows サーバで動作する VB スクリプトで、HTML に組み
　　込んで使用

・JSP: Java でコンパイルしたバイナリコード

図 7-21 に httpd の起動状態を示します。5 つのプロセスが、ユーザ権限 apache で起動されていることが分かります。この 5 つのプロセスは並列動作して Web サーバへのブラウザからのアクセスを高速化するものです。

```
[alma@alma cgi-bin]$ ps -ef |grep httpd
root       3855       1  0 18:20 ?        00:00:00 /usr/sbin/httpd -DFOREGROUND
apache     3863    3855  0 18:20 ?        00:00:00 /usr/sbin/httpd -DFOREGROUND
apache     3864    3855  0 18:20 ?        00:00:00 /usr/sbin/httpd -DFOREGROUND
apache     3865    3855  0 18:20 ?        00:00:00 /usr/sbin/httpd -DFOREGROUND
apache     3866    3855  0 18:20 ?        00:00:00 /usr/sbin/httpd -DFOREGROUND
apache     4385    3855  0 18:30 ?        00:00:00 /usr/sbin/httpd -DFOREGROUND
alma       5142    2934  0 18:50 pts/0    00:00:00 grep --color=auto httpd
```

〔図 7-21〕Apache プロセスの起動状態

図 7-22 に CGI スクリプトのアクセス権設定の例を示します。3 つのどのスクリプトに対しても、User:apache, Group:apache に対して実行権 (x) が設定されていることが分かります。

```
[alma@alma cgi-bin]$ ls -l
total 12
-rw-r--r-x. 1 alma    alma    79 Nov 23 18:22 test.cgi
-rwxr--r--. 1 apache  alma    79 Nov 23 18:33 tesu.cgi
-rw-r-xr--. 1 alma    apache  79 Nov 23 18:33 tesv.cgi
```

〔図 7-22〕CGI スクリプトのアクセス権設定

次に実際に CGI スクリプトを作成し動かしてみましょう

実習 7-4

図 7-23 の CGI スクリプトを Web サーバで公開し、動作確認せよ。

```
#!/usr/bin/perl
print "Content-type:text/Plain\n\n";
print "This is test.\n";
```

〔図 7-23〕テスト用 CGI スクリプト (test.cgi)

CGI スクリプトがうまく動作せず、Internal Server Error が発生する場合は、test.cgi の実行ができない状態です。以下の項目を確認してください。

・test.cgi の実行権限は付与されていますか？
・test.cgi の中身は正しいプログラムになっていますか？
・Linux で test.cgi を実行して、動くことを確認して下さい。エラーが表示されたら修正してください。
（実行方法）

```
$ /var/www/cgi-bin/test.cgi
```

7.4.4. Web サーバのログ確認

Web サーバの動作を確認するには、ログファイルを確認します。ログはシステムの動作に関する履歴が記録されたものですが、詳細については7.7節で説明します。Apache が出力する次の2つのログを確認することで Web サーバへのアクセス状況とエラーの発生状況が分かります。なお、ログのディレクトリはデフォルトで設定されている場所ですが、環境に応じて httpd の設定ファイルを変更して別の場所に設定することができます。また、/var/log/httpd ディレクトリは管理者（root）のみアクセス権限が設定されていることに注意して、ファイルを確認します。

・httpd へのアクセスログ　　/var/log/httpd/access_log
・httpd のエラーログ　　　　/var/log/httpd/error_log

7.4.5. 検索サイトからのアクセス制限

検索サイトはロボットが巡回して、Webページへの索引（インデックス）を作成しています。Web サーバを外部公開しているけれども情報を広く公開したくない場合は、robot.txt を DocumentRoot（デフォルトでは、/var/www/html）に配置してロボット（User-Agent）へのアクセス許否を制御することができます。但し、robot.txt が有効なのはマナーのよいロボットだけで、robot.txt を無視するロボットが存在することにも注意しましょう。

```
User-Agent: *
Disallow: /
User-Agent: <特定のエージェント>
Allow: /<特定のディレクトリ>
```

〔図 7-24〕robot.txt の例

robot.txt は上から評価されますので、図 7-24 では、

・すべてのユーザーエージェントに対して、DocumentRoot(/) 配下の
アクセスを拒否

・<特定のエージェント>に対してのみ、<特定のディレクトリ>配
下のアクセスを許可を示しており、結果として<特定のエージェン
ト>だけが、<特定のディレクトリ>配下をアクセスできることに
なります。

7．4．6．LAMP 構成

Web サーバでは、4.1 節で説明したように動的な Web サイトの構築に適し
たオープンソースソフトウェアの組み合わせである LAMP 構成を取ることが
できます。MySQL と PHP を利用する場合のインストール方法を説明します。

MySQL は以下の手順でインストールできます。

・パッケージインストールするため一般ユーザから root に変更

```
$ su
Password: (root のパスワード)
```

・MySQL パッケージのインストール

```
# dnf -y install mysql-server
```

・ポートの開放（パケットフィルタリングの許可設定）

```
# firewall-cmd --add-service=mysql
# firewall-cmd --runtime-to-permanent
```

・MySQL サービス（デーモン mysqld）の起動、自動起動設定

```
# systemctl start mysqld
# systemctl enable mysqld
```

・パスワードの設定（ここでは、MySQL を操作する root のパスワードを admin に設定）

```
$ mysqladmin -u root password 'admin'
$ mysqladmin -p -u root -h localhost password 'admin'
```

PHP のインストール手順は以下の通りです。

・PHP のインストール

```
# dnf -y install php
```

・httpd を再起動

```
# systemctl restart httpd
```

PHP の動作確認をするには、/var/www/html/ 配下に図 7-25 に示す info.php を配置してホスト OS のブラウザから、Linux にアクセスします。

```
<?php
phpinfo();
?>
```

〔図 7-25〕テスト向けの info.php の内容

http://alma/info.php （alma は Linux のホスト名）又は、http://192.168.56.2/info.php にアクセスすると図 7-26 のような画面が表示されます。

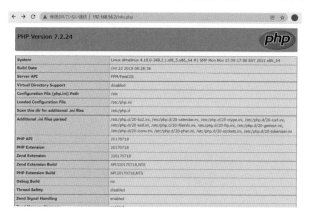

〔図 7-26〕phpinfo の画面例

7.5. リソースの管理

7.5.1. リソース

　リソースとは日本語に訳すると「資源」ですが、情報処理の分野ではコンピュータが処理を行うために必要な CPU やメモリ、ストレージ（HDD/SSD）等を指します。ファイル管理に必要な管理領域（i-node）もリソースの一部です。サーバのリソースが不足すると、処理性能が低下する、アプリケーションを起動できない、フリーズする、等の障害につながります。サーバ管理者には障害発生時にリソースの状態を確認して原因究明することはもちろん、障害発生を未然に防ぐため、定期的に利用可能なリソースの量を監視し、適切に管理していくことが求められます。

7.5.2. プロセス

　プロセスとは処理の最小単位で、プログラムは複数のプロセスによって実行されます。現在の多くのオペレーティングシステムでは複数のプロセスを同時に並行して実行できるマルチタスクが可能であり、限られた CPU リソースを使って複数のプロセスを実行するためプロセス管理の仕組みを有しています。Linux を含む UNIX 系 OS では、プロセスが fork する（自分の複製を作る）ことで子プロセスが生成され、元のプロセスが親プロセスになりツリー（木）構造で管理されます[38]。生成され

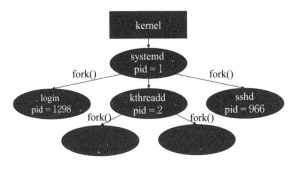

〔図 7-27〕Linux プロセスツリーの例（一部）

たプロセスには、一意のプロセス ID が割り当てられます。図 7-27 に典型的な Linux システムのプロセスツリーの例（一部）を示します。詳細なプロセスツリーは pstree コマンドで確認することができます。

　Linux におけるプロセス状態遷移の例を図 7-28 に示します。ここでは Linux Kernel の実際のプロセス状態ではなく、説明のため単純化されたプロセス状態で説明しています。

①まず、プロセスは親プロセスから fork されて生成された後、実行可能状態となります。

②スケジューラによって CPU リソースが割り当てられると実行状態となり処理を実行します。

③利用者からのキー入力待ち、HDD への書き込み完了待ちなど、CPU を必要としない時は待機状態となり CPU を開放します。

④利用者がキー入力する、HDD への書き込みが完了するなど、待機状態での待ちが解消すると実行可能状態となり CPU リソースの割り当てを待ちます。

⑤再び CPU リソースが割り当てられると実行状態となり処理を実行（継続）します。

⑥処理が終了すると、親プロセスにより解放されてプロセスが消滅します。何らかの原因により親プロセスによる開放処理が行われなかった場合、子プロセスの処理は終了しているもののプロセステーブルに PID が残ったままの状態となります。この状態のプロセスはゾンビプロセスと呼ばれます。

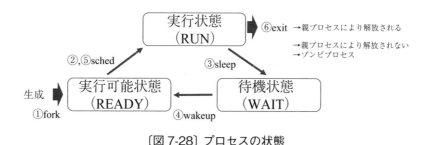

〔図 7-28〕プロセスの状態

　プロセスの状態を知ることで、CPU の使用状況を把握することができます。Linux では ps コマンド（図 7-29）を利用します。

コマンド名	ps (process status)	
説明	現在実行中のプロセスのスナップショットを表示する	
書式	$ ps [options]	
コマンド例	$ ps	自分が現在起動しているプロセスを表示する
	$ ps -e	全てのプロセスを表示する
	$ ps -f	プロセスをフルフォーマットで表示する
	$ ps -ef	全てのプロセスをフルフォーマットで表示する

〔図 7-29〕ps コマンド

ps コマンドの実行例を図 7-30 に示します。

```
# ps -ef
UID          PID    PPID  C STIME TTY          TIME CMD
root           1       0  0 07:27 ?        00:00:03 /usr/lib/systemd/systemd --
root           2       0  0 07:27 ?        00:00:00 [kthreadd]
root           3       2  0 07:27 ?        00:00:00 [rcu_gp]
root           4       2  0 07:27 ?        00:00:00 [rcu_par_gp]
root           6       2  0 07:27 ?        00:00:00 [kworker/0:0H-events_highpri
root           9       2  0 07:27 ?        00:00:00 [mm_percpu_wq]
root          10       2  0 07:27 ?        00:00:00 [ksoftirqd/0]
root          11       2  0 07:27 ?        00:00:00 [rcu_sched]
root          12       2  0 07:27 ?        00:00:00 [migration/0]
                                  :
```

〔図 7-30〕ps コマンドの実行例

ps コマンド (ps -ef) で表示される項目は以下の通りです。

UID	ユーザ ID
PID	プロセス ID
PPID	親プロセスのプロセス ID
C	プロセッサ（CPU）使用率
STIME	プロセスの開始時刻
TTY	制御端末（プロセスを開始したワークステーション）の名前。
TIME	CPU 時間
CMD	コマンド

プロセッサ（CPU）の使用率や CPU 時間、プロセスの開始時刻を見ることで、どのコマンドのプロセスが CPU 資源をどれ位使っているか、長時間にわたって実行中のプロセスがないか、親プロセスはどれかといったことが分かります。

　CPU の状態を表示するコマンドとして、プロセスのツリー関係を視覚的にわかりやすく表示する pstree コマンド（図 7-31、図 7-32）や、実行中のプロセスをリアルタイムに（動的に）表示する top コマンド（図 7-33、図 7-34）もよく利用されます。

コマンド名	pstree (process tree)
説明	プロセスのツリーを表示する
書式	$ pstree [options] [pid|user]

コマンド例	$ pstree　　　　pid=1 を起点とするプロセスツリーを表示する
	$ pstree 2　　　pid=2 を起点とするプロセスツリーを表示する
	$ pstree user　user のプロセスを起点とするツリーを表示する
	$ pstree -p　　pid を表示しプロセスツリーを表示する

〔図 7-31〕pstree コマンド

```
$ pstree -p
systemd(1)-+-ModemManager(868)-+-{ModemManager}(898)
           |                    `-{ModemManager}(902)
           |-NetworkManager(957)-+-{NetworkManager}(964)
           |                     `-{NetworkManager}(965)
           |-VBoxService(2281)-+-{VBoxService}(2282)
           |                   |-{VBoxService}(2283)
           |                   |-{VBoxService}(2284)
           |                   |-{VBoxService}(2286)
           |                   |-{VBoxService}(2287)
           |                   |-{VBoxService}(2288)
           |                   |-{VBoxService}(2289)
           |                   `-{VBoxService}(2290)
           |-accounts-daemon(2712)-+-{accounts-daemon}(2713)
           |                       `-{accounts-daemon}(2717)
           |-alsactl(886)
           |-atd(1288)
           |-auditd(835)-+-sedispatch(837)
           |             |-{auditd}(836)
           |             `-{auditd}(838)
           |-avahi-daemon(866)---avahi-daemon(904)
           |-chronyd(896)
           |-colord(2955)-+-{colord}(2974)
           |              `-{colord}(2980)
           |-crond(1291)
           |-cupsd(977)
                                 :
```

〔図 7-32〕pstree コマンドの実行例

コマンド名	top	
説明	実行中のプロセスをリアルタイムに表示する	
書式	$ top [options]	
コマンド例	$ top	実行中のプロセスをリアルタイムに表示する
	$ top -d 10	10秒間隔で更新する（デフォルト=5秒）
	$ top -u root	rootのプロセスを表示する

〔図 7-33〕top コマンド

```
$ top
top - 22:16:59 up  1:46,  1 user,  load average: 0.00, 0.00, 0.00
Tasks: 219 total,   1 running, 218 sleeping,   0 stopped,   0 zombie
%Cpu(s):  5.1 us,  1.4 sy,  0.0 ni, 92.2 id,  0.0 wa,  1.0 hi,  0.3 si,  0.0 st
MiB Mem :    809.2 total,     53.5 free,    468.4 used,    287.2 buff/cache
MiB Swap:   2048.0 total,   1228.9 free,    819.0 used.    209.1 avail Mem

   PID USER      PR  NI    VIRT    RES    SHR S  %CPU  %MEM     TIME+ COMMAND
  4478 urata     20   0 3189484 152380  64508 S   3.7  18.4   0:09.03 gnome-s+
  4339 urata     20   0  735764  34620  18916 S   2.0   4.2   0:01.79 Xorg
  5006 urata     20   0  845204  41456  26672 S   1.0   5.0   0:00.82 gnome-t+
  4398 urata     20   0  386704    400    400 S   0.3   0.0   0:09.17 VBoxCli+
     1 root      20   0  240920   4956   2952 S   0.0   0.6   0:02.55 systemd
     2 root      20   0       0      0      0 S   0.0   0.0   0:00.00 kthreadd
     3 root       0 -20       0      0      0 I   0.0   0.0   0:00.00 rcu_gp
     4 root       0 -20       0      0      0 I   0.0   0.0   0:00.00 rcu_par+
     6 root       0 -20       0      0      0 I   0.0   0.0   0:00.00 kworker+
     9 root       0 -20       0      0      0 I   0.0   0.0   0:00.00 mm_perc+
                                      :
```

〔図 7-34〕top コマンドの実行例

top コマンドで表示される項目は以下の通りです。

PID	プロセス ID
USER	ユーザー名
PR	プロセス優先度
NI	ナイス値でのプロセス優先度
VIRT	仮想メモリ使用サイズ (KB)
RES	実メモリ使用サイズ (KB)
SHR	共有メモリサイズ (KB)
S	プロセスの状態
	D：スリープ（割込不可）
	I：アイドル
	R：実行状態
	S：スリープ（待機状態）
	T：停止中
	Z：ゾンビ
%CPU	CPU 使用率
%MEM	メモリ使用率（RES/ 全実メモリサイズ）

TIME+　　　プロセス稼働時間
COMMAND プロセスのコマンド

　Linux では、実行中のプロセスに「シグナル」を送ることによって、プロセスの状態を変更できます。実行中のプロセスにシグナルを送るには kill コマンドを利用します。特にプロセスが終了しないとき、シグナル KILL(9) を送って強制終了するときに利用されます。

コマンド名	kill (terminate a process)
説明	実行中のプロセスにシグナルを送り終了させる
書式	$ kill [options] <pid>

コマンド例	$ kill 1234 pid=1234にシグナル(TERM=15)を送り終了させる
	$ kill -KILL 1234 (= $ kill -9 1234 と等価)
	　　　　　　pid=1234にシグナル(KILL=9)を送り強制終了させる
	$ kill -l　　シグナル名一覧を表示する

その他	• シグナルを指定する時は、kill -lで表示されるシグナル名の最初の3文字(SIG)を削除してください(例:SIGKILL→シグナルはKILL) • プロセスがシグナルを受信した時の動作はプロセスの実装に依存します　サーバプロセスの多くはシグナルHUPを受信するとプロセスを再起動するよう実装されているため、kill -HUPは設定ファイルの再読み込みに利用される事があります • 主なシグナルと意味 1　 HUP　　 制御している端末が切断(HUP=Hang UP) 2　 INT　　 キーボードからの割込み(Interrupt) = CTRL+C 9　 KILL　 プロセスの強制終了 15　TERM　 プロセスの終了(Terminate) 19　STOP　 プロセスの停止 = CTRL+Z

〔図 7-35〕kill コマンド

7.5.3. ジョブ

　UNIX 系 OS において、シェル（Shell）から見たひとまとまりの処理単位をジョブと呼びます。シェルは利用者からの入力を受け付けて処理結果を返すといった対話的な処理を行っているため、コンソールや端末ソフトウェア（ターミナル）で用いるコマンドラインのような CUI 環境では一度に実行できるジョブは１つとなります。しかし、利用者がジョブを「フォアグラウンド」や「バックグラウンド」に切り替えて動作させ

ることでマルチタスクを実現することが可能となっています。現在の GUI ベースの OS（Windows や MacOS）や Linux の GUI 環境（X11）では、複数のアプリケーションを動かし、利用者が操作するアプリケーションをフォアグラウンドにし、操作しないアプリケーションをバックグラウンドで動かすことが当たり前となっていますが、かつてコンピュータが CUI で操作されていた時代は、ジョブを明示的に「フォアグラウンド」と「バックグラウンド」に切り替えてマルチタスクを実現していました。

　CUI でのジョブコントロールと、GUI での操作を比較すると以下のようになります。

- ジョブをフォアグラウンドで動かす＝操作するアプリケーションを選択する
- ジョブをバックグラウンドで動かす＝操作していたアプリケーションを隠す

　コマンドライン（シェル）でのジョブをコントロールする方法は以下の通りです。また、図7-36 にジョブコントロールのイメージを示します。

- コマンド（ジョブ）をバックグランドで動かす
  `$ <コマンド> &`
- ジョブを終了させる
  `CTRL+C`
- ジョブを一時停止する
  `CTRL+Z`
- 実行中のジョブを確認する
  `$ jobs`
- 実行中のジョブをフォアグラウンドで動かす
  `$ fg [%ジョブ番号]`　（ジョブ番号は jobs コマンドを実行したら表示される）
- 実行中のジョブをバックグランドで動かす
  `$ bg [%ジョブ番号]`

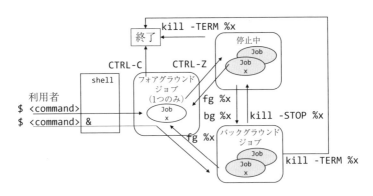

〔図 7-36〕シェルでのジョブコントロール

実習 7-5

Linux で動いている最も CPU を使用しているプロセスを確認せよ。

7．5．4．メモリ

　コンピュータがプログラムを実行するにはプログラムや処理すべきデータがメモリ上にロードされている必要があります。コンピュータに実際に搭載されているメモリを物理メモリと呼びますが、搭載している物理メモリの量には限りがあり、たくさんのプログラムやデータを同時に処理する際、物理メモリだけでは不足する場合があります。そのため、オペレーティングシステムには物理メモリと HDD などのストレージを組み合わせて、物理メモリよりも大きなサイズのメモリを仮想的に実現し利用できるようにする仕組みがあり、メモリ管理機能と呼ばれます。仮想的に実現されたメモリを仮想メモリ（または仮想記憶）と呼びます。メモリ管理機能は実際にアクセスされる領域や、頻繁に利用される領域を物理メモリ上に配置し、頻繁には利用されない領域を HDD に配置したり、物理メモリをディスクアクセスのキャッシュに利用したりすることで、限りあるコンピュータ資源であるメモリを効率的に利用しています。メモリ領域をページと呼ばれる単位に分割し、物理的なメモリアドレスとは別の仮想的なアドレスで管理する方式をページングと呼び、仮

想メモリ領域として利用される専用の HDD の領域またはファイルを、スワップパーティションまたはスワップファイルと呼びます。物理メモリの内容を HDD のスワップ領域に書き出すことをスワッピングと呼びます。ページ単位でスワップ領域にあるページを物理メモリ領域に読み込むことをページイン、物理メモリにあるページをスワップ領域に書き出すことをページアウトと呼びます。ページングを利用したメモリ管理では、仮想メモリのアドレスと物理メモリのアドレスの変換テーブルを持っており、不連続な物理メモリ領域を連続した仮想メモリ領域として利用することができます。

　仮想メモリの仕組みでは、頻繁に利用されるプログラムやデータが局所的で物理メモリに配置されている時は、高速なメモリアクセスができるので高速に処理できますが、物理メモリに読み込まれていない仮想メモリへのアクセスが増加すると、メモリに比べて低速な HDD から物理メモリへのアクセス（ページイン、ページアウト）が増加し、処理性能が低下します。

　搭載されている物理メモリ量やスワップ領域のサイズが適切かを確認するには、free コマンド（図 7-37）や、7.5.2 節で解説した top コマンドを利用し、空メモリ量、使用中のメモリ量を確認します。なお、オペレーティングシステムはシステムの性能を向上させるため、空きメモリ領域があればカーネルバッファやページキャッシュとして利用するため、まだ利用されていないメモリ量 free の値だけでなく、free の値に開放可能なカーネルバッファ領域、ページキャッシュ領域を加えた available の値を見るとよいでしょう。

コマンド名	free
説明	システムの物理メモリとスワップメモリの空容量と使用量を表示する
書式	$ free [options]

コマンド例	$ free　　システムの物理メモリとスワップメモリの空き容量と使用
	　　　　　量を表示させる（1回のみ、単位はKB）
	$ free -h　システムの物理メモリとスワップメモリの空き容量と使用
	　　　　　量を読みやすい単位で表示する
	$ free -c 3　システムの物理メモリとスワップメモリの空き容量と使用
	　　　　　量を1秒間隔(デフォルト)で3回表示する
	$ free -s 5　システムの物理メモリとスワップメモリの空き容量と使用
	　　　　　量を5秒間隔で表示する（CTRL+Cでストップさせるまで）

〔図 7-37〕free コマンド

free コマンドの実行例を図 7-38 に示します

```
$ free -h
            total      used      free     shared  buff/cache   available
Mem:        809Mi     373Mi      86Mi       13Mi       349Mi       300Mi
Swap:       2.0Gi     1.0Gi     993Mi
```

〔図 7-38〕free コマンドの実行例

free コマンドで表示される項目は以下の通りです。

Mem:	物理メモリ量
Swap:	スワップとして利用可能なメモリ量
total	システムに搭載されている総メモリ量
used	システムで利用されているメモリ量
free	まだ利用されていないメモリ量
shared	tmpfs に利用されているメモリ
buff/cache	カーネルバッファ又はページキャッシュに利用されているメモリ量
available	新しいアプリケーションのために SWAP 無しで利用可能なメモリ量

また、利用可能なメモリ（available）の値が少なくても、仮想メモリ

の仕組みがうまく働き、物理メモリとスワップ領域を使って正常に動作している場合もあります（搭載している物理メモリ量と必要なメモリ量が等しく無駄がない状態）。物理メモリ量が不足してくると、物理メモリとスワップの間で読み込み（si: swap in）と書き込み（so: swap out）が増加してくるため、vmstat コマンド（図 7-39、図 7-40）で si、so の値が増えていないかを確認して下さい。si、so の値が増加しシステム全体の性能が低下した状態をスラッシングと呼び、不要なアプリケーションを終了させたり、メモリを増設したりするなどの対処が必要です。

コマンド名	vmstat (virtual memory statistics)	
説明	仮想メモリに関する統計情報を表示する	
書式	$ vmstat [options]	
コマンド例	$ vmstat	仮想メモリー、入出力、CPUなどの統計情報を表示する
	$ vmstat 5 10	5秒毎に10回表示する

〔図 7-39〕vmstat コマンド

```
$ vmstat 1 5
procs -----------memory---------- ---swap-- -----io---- -system-- ------cpu-----
 r  b   swpd   free   buff  cache   si   so    bi    bo   in   cs us sy id wa st
 3  0 786360  51988      4 317540  126 1328  4390  2046  543  955 17  5 77  1  0
 1  0 786360  51868      4 317540    0    0     0     0  210  408  2  1 97  0  0
 0  0 786360  51868      4 317540    0    0     0     0  156  350  1  1 98  0  0
 1  0 786360  51868      4 317540    0    0     0     0  196  352  2  0 98  0  0
 0  0 786360  51740      4 317548    0    0     0     0  203  387  2  3 95  0  0
```

〔図 7-40〕vmstat コマンドの実行例

vmstat コマンドで表示される項目は以下の通りです。

procs
 r   実行中と実行待ちのプロセス数
 b   I/O 待ちでブロックされたプロセス数

memory
 swpd 使用中の仮想メモリ量
 free 空きメモリ量

buff　　バッファとして使用中のメモリ量

cache　　キャッシュとして使用中のメモリ量

swap

si　　ディスクからメモリにスワップインされたメモリ量

so　　メモリからディスクにスワップアウトされたメモリ量

io

bi　　HDD のようなブロックデバイスから読み込んだブロック数

bo　　HDD のようなブロックデバイスに書き込んだブロック数

system

in　　1 秒あたりの割込み回数

cs　　1 秒あたりのコンテキストスイッチの回数

cpu

us　　カーネルコード以外の実行時間（ユーザ実行時間）

sy　　カーネルコードの実行時間（システム時間）

id　　アイドル時間

wa　　I/O 待ち時間

st　　仮想マシンにより盗まれた (stolen) 時間。CPU リソース割当て待ち時間。

実習 7-6

Linux で動作しているプロセスでもっともメモリ使用量の多いプロセスを調べよ。

7.5.5. ファイルシステム

　UNIX（Linux）のファイルは、i ノードという構造体で管理されており、ディレクトリは、パス名と i ノードの対応表を保持しています[38]。i ノ

ードが枯渇すると、ファイルが作れなくなるため、HDDの空き容量と合わせてサーバ運用中に不足しないよう定期的な監視が必要になります。

コマンド名	df (disk free)
説明	ファイルシステムのディスク使用状況を表示する
書式	$ df [options] [FILE]
コマンド例	$ df -h　ディスクの使用状況を見やすい単位で表示する $ df -i　ブロック使用量の代わりにiノード情報を表示する

〔図7-41〕df コマンド

図 7-42 に df コマンドの実行例（使用状況）を示します。

```
$ df -h
Filesystem                 Size  Used Avail Use% Mounted on
devtmpfs                   376M     0  376M   0% /dev
tmpfs                      405M     0  405M   0% /dev/shm
tmpfs                      405M  6.4M  399M   2% /run
tmpfs                      405M     0  405M   0% /sys/fs/cgroup
/dev/mapper/almalinux-root  17G  6.2G   11G  37% /
/dev/sda1                 1014M  404M  611M  40% /boot
tmpfs                       81M   28K   81M   1% /run/user/1000
```

〔図7-42〕df コマンドの実行例（使用状況）

df -h コマンドで表示される項目は以下の通りです。

Filesystem　ファイルシステム名

Size　　　ファイルシステム全体の容量

Used　　　現在使用中の容量

Avail　　　使用可能な容量（空き容量）

Use%　　　現在使用中の容量のパーセンテージ（Used/Size）

Mounted on　ファイルシステムのマウント先

続いて、図 7-43 に df コマンドの実行例（i ノード情報）を示します。

```
$ df -i
Filesystem                   Inodes  IUsed    IFree IUse% Mounted on
devtmpfs                      96156    386    95770    1% /dev
tmpfs                        103574      1   103573    1% /dev/shm
tmpfs                        103574    814   102760    1% /run
tmpfs                        103574     17   103557    1% /sys/fs/cgroup
/dev/mapper/almalinux-root 8910848 175719 8735129    2% /
/dev/sda1                    524288    325   523963    1% /boot
tmpfs                        103574     25   103549    1% /run/user/1000
```

〔図 7-43〕df コマンドの実行例（i ノード情報）

df -i コマンドで表示される項目は以下の通りです。

Filesystem　ファイルシステム名

Inodes　　　ファイルシステム全体で利用可能な i ノードの総数

IUsed　　　現在使用中の i ノード数

IFree　　　使用可能な i ノード数（空き i ノード数）

IUse%　　　現在使用中の i ノード数のパーセンテージ（IUsed/
　　　　　　Inodes）

Mounted on　ファイルシステムのマウント先

実習 7-7

Linux のハードディスク使用量と i ノード使用量を調べよ。

7.6. バックアップ
7.6.1. バックアップの重要性
　情報ネットワークの重要性が高まるとともに、経営を守り社会的責任を果たす観点から、サービスを止めないための事業継続計画（BCP: Business Continuity Planning）が求められており [39]、サーバ管理者の立場ではバックアップを取得しておき、データ損失や障害が起こってもすぐに復旧できるようにすることが重要となっています。端末と比べてサーバはサービス継続の観点から速やかな復旧が求められますが、例えばハードウェア障害が発生したときに最初からシステムをインストールすると時間がかかるという問題や、新しいハードウェアに取換えてもデータがなくなっていたら元に戻らないといった問題からバックアップが必要です。特にサーバの設定情報などのシステム管理情報や、ユーザが作成したファイルやデータベース情報などのなくなったら取り返しのつかないデータは、必ず適切にバックアップを取得する必要があります。

　システムの障害発生の原因はハードディスク故障、サーバ電源故障などのハードウェア障害以外にも、地震、水害、火事などの自然災害、コンピュータウィルス感染などがありますが、ユーザや管理者の操作ミス（ファイルの誤削除、ファイル名間違い、削除対象ホスト誤り）も起こり得ます。

　一方、ハードディスクの耐久性は、PC で使われているハードディスクは1日8時間の使用で3年程度の寿命、サーバ機で使われるハードディスクは24時間稼働で5年程度の寿命とも言われており、壊れる前提でシステム運用を行う必要があります。また、これらの数値は設計時の目安なので、1か月や半年で壊れることもあります。

　ハードディスクの障害に対してデータを守るために RAID（Redundant Arrays of Independent Disks）による冗長化を行えます。RAID は、複数のディスクを組み合わせて仮想的に1つのディスクとして使用し信頼性（耐故障性）を向上したもので、図7-44 のような RAID1、RAID5 の方式では、1つのディスクが壊れてもデータを保持可能です（別の方式である RAID0 は、読み書きの高速化が目的なので、データ保護には向きません）。

RAID1
データを複数のディスクにミラーリング

RAID5
データの部分を複数のディスクにストライピング
（パリティ（誤り訂正）を用いてデータを復元）

〔図7-44〕RAID の構成

　また RAID を使っていたとしてもバックアップは必要です。複数のディスクの同時故障や RAID コントローラなどのディスク以外の部品の故障、電源断、サーバの故障といったシステムの不具合が起こった場合は、データ損失を免れません。また、故障したハードディスクを交換後に元の構成に戻すリビルドの際、ハードディスクに数時間連続して高い負荷がかかるため、その間に故障するケースもあります。

7.6.2.　バックアップの方法

　バックアップは従来、安価で記録容量が大きい磁気テープを使うことが一般的でした。最近では、小さなデータなら CD-R や DVD-R、BD-R といった光ディスクや USB メモリ、SD カードに記録しておくこともありますが、別のハードディスクに記録する方法が一般的です。

　またバックアップの種類として、システム全体のデータをバックアップするフルバックアップを行う必要がありますが、時間がかかるため頻繁なバックアップには向きません。そのため、前回のフルバックアップとの違いをバックアップする差分バックアップが用いられます。また、前回の差分バックアップやフルバックアップとの違いをバックアップする増分バックアップを用いることもあります（図7-45）。例えば月1回のバックアップはフルバックアップ、週1回のバックアップは差分バックアップ、毎日のバックアップは増分バックアップというように組み合わせて運用することができます。なお、データの復元にはフルバックアップデータと直前の差分バックアップデータ、及びそれ以降の増分バックアップデータが必要となります。

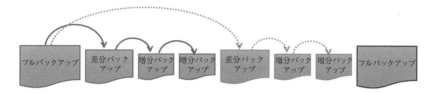

〔図7-45〕バックアップのイメージ

　バックアップを行う場合、計画を立てることが重要です。計画では以下の項目を決定します。

- バックアップメディアの選定
- バックアップの種類の選定（フル、差分、増分）
- バックアップ周期の決定（毎日、毎週、毎月）
- バックアップデータの保存期間の確定（数週間〜数年）

　なお、同じデータを同じメディアに繰り返しバックアップしても、そのメディアが壊れるとバックアップデータが使えなくなることにも注意しましょう。

　AlmaLinux ではバックアップを行うときに OS 標準のコマンドを組み合わせる方法に加え、Amanda や Bacula といった OSS のバックアップツールを用いる方法もあります[36]。

7.6.3. アーカイブファイルの作成

　OS 標準のコマンドを使ってバックアップを取る方法について説明します。tar コマンドは目的のディレクトリ配下のファイルを1つのファイルにまとめて保管するアーカイブファイルを作成するコマンドです（図 7-46）。

コマンド名	tar (tape archiver)
説明	tar形式のアーカイブ(書庫ファイル)を作成/展開する
書式	$ tar [option] [archive-file] [ファイル/ディレクトリ]

コマンド例	$ tar zcvf /tmp/backup.tar.gz .
	カレントディレクトリ(.)配下のファイルをアーカイブし、圧縮して/tmp/backup.tar.gz を作成する(相対パス指定)
	$ tar ztvf /tmp/backup.tar.gz
	アーカイブファイル /tmp/backup.tar.gz に格納されているファイルの一覧を表示する
	$ tar zxvf /tmp/backup.tar.gz
	アーカイブファイル /tmp/backup.tar.gz を展開(解凍)する

その他	• アーカイブファイルから圧縮されてるかを判別できるので、zオプションは省略可能 • アーカイブファイルに格納されているファイルが相対パス指定の場合は、ファイルはカレントディレクトリ配下に展開される • アーカイブファイルに格納されているファイルが絶対パスで指定されていると、展開時に上書きされてしまうので、アーカイブファイルを作成する際は相対パスで格納されるよう[ファイル/ディレクトリ]を指定する

〔図7-46〕tar コマンド

以下のように操作します。
• アーカイブファイルの作成
```
$ tar cvf /tmp/archive.tar .
```
cvfは3つのオプションを並べたもので、cはアーカイブの作成、vは実行状態の表示、fはファイル名の指定を行います。/tmp/archive.tar は f オプションで指定されたファイルの作成先(アーカイブのファイル名)です。また次の . はカレントディレクトリ配下をアーカイブすることを意味しています。
• アーカイブファイルの内容確認
```
$ tar tvf /tmp/archive.tar
```
tvfも3つのオプションを並べたもので、tではアーカイブの内容表示を行います。
• アーカイブファイルからのファイルの展開
```
$ tar xvf /tmp/archive.tar
```

xvf の x はアーカイブを展開するときに用います。

　アーカイブファイル作成時に z オプションを含めると、データ圧縮された アーカイブファイルが作成できます。展開時にも z オプションをつけると伸長してファイル展開ができます。

7.6.4. バックアップのスケジューリング

　プログラムを指定した時刻に合わせて実行する、UNIX 系 OS で標準的に用いられる cron を用います。cron は定期的なプログラム実行も行えるため、日毎や週毎といったバックアップスケジュールの作成が可能です。crond というデーモンプログラムが Linux で起動しているので、crond の設定ファイルを作成すればプログラムの定期実行が可能です。

　crond の設定ファイル作成には crontab というコマンドを用います（図7-47）。

コマンド名	crontab (cron table)		
説明	cronのスケジュール設定ファイル（crontab）の編集・表示を行う		
書式	$ crontab [options]		

コマンド例	$ crontab -l 現在設定されているcrontabの内容を表示する
	$ crontab -e 現在設定されているcrontabの内容を編集する
	$ crontab -r 現在設定されているcrontabの内容を削除する		

その他	• スペースで区切って、左から分, 時, 日, 月, 曜日, コマンドを記載する • 曜日は日〜土を0 〜6 の数字で表現する • リスト指定（例: 0,15,30,45）や範囲指定（例: 1-5）が可能		

〔図 7-47〕crontab コマンド

　スケジュールの作成にはオプションをつけて以下のコマンドを実行します。vi が立ち上がってくるので、編集作業を行います。

```
$ crontab -e
```

他のオプションは以下の通りです。

　-l: 設定されているスケジュールリストを表示

　-r: スケジュールを削除

crontab で設定するスケジュールファイルの例を図7-48 に示します。

　一行ずつ記述し、左から分、時、日、月、曜日、コマンドを記載します。曜日は、日曜日から土曜日までを、0から6の数字で表現します。

```
0 0 * * * /home/alma/daily.sh
0 0 * * 6 /home/alma/weekly.sh
0 0 1 * * /home/alma/monthly.sh
```

〔図7-48〕スケジュールファイルの形式

　毎日1回ホームディレクトリを /backup にアーカイブファイルとしてバックアップするスクリプト（/home/alma/daily.sh）は図7-49のように作成します。

```
#!/usr/bin/bash

tar zcf /backup/alma-home.tar.gz .
```

〔図7-49〕バックアップスクリプト（daily.sh）の例

　daily.sh には適切な実行パーミッションを、/backup には適切な書込パーミッションを与えておく必要があります。

実習7-8
　ホームディレクトリを毎日バックアップするように設定せよ。

7.7. ログ管理
7.7.1. ログ
　ログはコンピュータで自動的に記録される情報で、コンピュータの稼働状態やアクセス状況が記録されます。ログからは例えば、サービスの状況（サーバが問題なく動作しているか）やネットワークからのアクセス（不正アクセスがないか）を確認できます。また、障害やセキュリティ・インシデントが発生したときの原因確認にも役立ちます。

　ログはファイルに記録されますが、情報としては、
- ログ出力の日付、時間およびアプリケーション名
- アプリケーションを利用したユーザ
- アクセス先のサイト、アクセス元のコンピュータ（IP アドレス）
- ログレベル
- 処理内容
- 処理の成否
- 使用した資源（時間、データ量）

などが保存されます。ログファイルを用いて以下のようなことが確認できます。
- トランザクションやリソースの状態
- サービスへのアクセス、応答、利用状況
- エラー、障害発生状況
- ソフトウェアインストール履歴（障害の追跡に利用）
- 不正アクセスやウイルス感染の経緯確認（攻撃への対応）
- ユーザの操作、データの送受信記録（内部統制や勤怠データ管理にも利用）

7.7.2. システムログとアプリケーションログ
　Linux で取得できるログは、システムログとアプリケーションログに分かれます。システムログは OS やシステム全体に関わるログで、イベントログやサービスログといった情報に合わせた分類もされます。アプリケーションログは個々のアプリケーションごとのログです。

　システムログは AlmaLinux では、/var/log ディレクトリに一元的に保管されており、以下のファイルにそれぞれ情報が記録されています。
- messages：システムからのメッセージ情報
- cron：定期実行コマンドに関する情報
- maillog：メールに関する情報
- secure：セキュリティに関する情報
- boot：システム起動に関する情報
- dnf：ソフトウェアインストールに関する情報

　アプリケーションログは例えば、HTTP サーバや FTP サーバなど個々のアプリケーションごとに保管場所が設定されます。例えば Apache では /etc/httpd/httpd.conf がサーバの設定ファイルですが、その中にログの保管場所が設定されています。デフォルトでは、

```
ServerRoot "/etc/httpd"        (HTTP サーバのトップディレクトリ)
ErrorLog "logs/error_log"      (エラーログの相対ディレクトリ)
```

と設定されており、エラーログの場所は、/etc/httpd/logs/error_log であることが分かります（/etc/httpd/logs は /var/log/httpd にシンボリックリンク（ショートカット）が貼られているので、/var/log/httpd/error_log は同じファイルです）。

7.7.3．ログファイルの管理
　ログを取得する上で、以下の項目を決定します。
- ログの対象

　どのアプリケーションのログを取得するかを決めます。
- ログレベル

　収集するログの重要度を決めます。ログレベルとしては以下のようなものがあります。
- ・emerg　　　緊急（システムが動作不能になっているような問題）
- ・alert　　　警戒（速やかに修正されるべき問題）
- ・crit　　　致命的（ハードウェアエラーのような致命的問題）
- ・err　　　エラー（一般的なエラー）

- ・warning　　警告
- ・notice　　　通知
- ・info　　　　情報
- ・debug　　　デバッグ情報
- ● ログ保管期間

　ログファイルを保管しておく期間を決めます。ログファイルには自動的に情報が記録されるので、ファイルサイズが大きくなることがありますが、ログを用いて追跡を行うのに十分な期間の情報を保管しておくことが必要です。ログファイルの管理にはログローテーションという方法が用いられます。ログローテーションではログファイルを一定期間ごとにバックアップし、世代管理をします。保管期間の過ぎた古いログファイルから削除することで、ディスク容量を節約します。

　ログはテキストファイルで出力されます。ファイルを開いて確認することができますが、解析のために可視化ツールを用いることもできます。
　また、ログを収集する上でログ出力の時刻は正確である必要があります。特に複数のサーバが連携し動作するシステムにおいては、全サーバの時刻を 3.2.1 節で説明した NTP を使って合わせておきます。また、ログを一元的に管理するログサーバを構築して管理することもできます。
　ログを一元的に管理するのに用いられるのが、syslog です。syslog は UNIX 標準のソフトウェアで OS やアプリケーションのログをまとめるログサーバの機能を有しています。図 7-50 に示すように syslogd というデーモンプログラムが各プログラムから出力されるログを集約し、ログデータとして出力します。syslogd へのアクセスは syslogd が動作しているサーバからだけではなく、LAN 経由で接続したネットワーク機器やリモートホスト（別のサーバ）からの出力も受け付けます。
　AlmaLinux ではログ管理に以下のソフトウェアが利用できます [36]。
- ● rsyslog

　ログサーバ：ログの管理を一元的に行う rsyslogd（syslog 互換）を提供します。ログの種類（ログの対象）、ログレベル、ログ取得後のアク

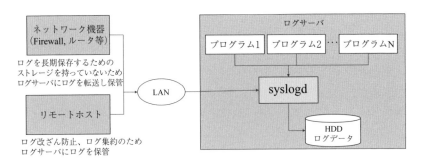

〔図 7-50〕syslog

ションなどを設定可能です。設定ファイルは /etc/rsyslog.conf にあります。

- logrotate
ログローテーションツール：古いログファイルを順次バックアップし、保管期間を過ぎたファイルを削除します。設定ファイルは /etc/logrotate.conf にあります。
- logwatch
ログ解析ツール：記録されているログからサービス上の問題やセキュリティ上の問題がないか確認し、結果を表示したり、メール送信したりするコマンドです。パッケージをインストールすることで利用できます。

7.7.4．ログ表示に関するコマンド
ログを確認するときに、以下のコマンドを用います。
- last：システムにログインしたユーザの情報を表示します。
```
$ last
```
- lastlog：各ユーザの最終ログイン時刻を表示します。
```
$ lastlog
```
- dmesg：システムのメッセージを表示します。
```
$ dmesg
```

またログファイルを直接確認する場合には、以下のコマンドを用いるのが便利です。

• grep：指定したキーワードが含まれる行を抜き出します。

```
$ sudo grep httpd /var/log/messages
```

または

```
$ sudo cat /var/log/messages | grep httpd
```

• tail：最終行を表示します。

```
$ sudo tail /var/log/messages
```

-fオプションをつけると出力が続いているときに最新行を順次表示します。

```
$ sudo tail -f /var/log/message
```

• less：ファイルの内容をインタラクティブに表示します。

```
$ sudo less /var/log/messages
```

コマンド実行中に次のキーを入力してログを確認します。

G：最終行を表示
ESC<：先頭に戻る
q：終了
h：ヘルプを表示

実習 7-9

システムログを確認して、以下の情報を調べよ。

1. Linux に httpd をインストールした日付、時刻
2. 最初に Linux にログインしたユーザと日付、時刻

実習のヒント

実習 7-1

省略

実習 7-2

ftp または sftp の実行については本文を参照してください。ファイルが壊れていないか確認するには、ファイルを表示することやファイルのサイズが合っていることを確かめます。

実習 7-3

①ホスト OS でホームページ（index.html）を作成します。過去に作成したホームページがあればそれを利用しても構いません。

②公開ディレクトリはデフォルトではスーパユーザにしか書き込み権限がないので、一般ユーザの書込み権限を設定するため Linux のターミナル（端末ソフトウェア）から以下のコマンドを実行して下さい。

```
$ sudo chmod go+w /var/www/*
```

③ホスト OS にある index.html ファイルを sftp で Linux に転送し、公開ディレクトリ（/var/www/html）に配置します。ホスト OS →ゲスト OS の通信は、Host-Only Network を利用します（ホスト 192.168.56.1, ゲスト 192.168.56.2=alma）。ログインするユーザ名を username に指定して、ホスト OS から以下のコマンドを実行して下さい。index.html はホスト OS のホームディレクトリにある前提ですが、sftp のコマンド ! cd <directory> で、ホスト OS のカレントディレクトリを index.html があるフォルダに変更する事ができます。

```
C:\Users\username> sftp username@192.168.56.2
sftp> cd /var/www/html
sftp> put index.html
```

④ホスト OS の Web ブラウザを使ってゲスト OS（例 http://alma/）にアクセスし、index.html の内容が正しく表示されていることを確認してください。

実習 7-4

①ホスト OS でテスト用 CGI スクリプト（図 7-23）を test.cgi というファイル名で作成します。

②ゲスト OS のターミナルを開き、CGI ディレクトリ (/var/www/cgi-bin) に一般ユーザの書込み権限があることを確認します。設定されていなければ下記のコマンドで実行権を付与して下さい。

```
$ sudo chmod go+w /var/www/cgi-bin/
```

③ホスト OS にある test.cgi ファイルを ftp でゲスト OS に転送し、CGI ディレクトリ（/var/www/cgi-bin）に配置します。

④配置した test.cgi に実行権限を設定します。

```
$ sudo chmod +x /var/www/cgi-bin/test.cgi
```

⑤ホスト OS の Web ブラウザを使ってテスト用 CGI スクリプトの URL（例 http://alma/cgi-bin/test.cgi）にアクセスし、表示内容を確認してください。

実習 7-5、実習 7-6

① top コマンドを用いて、プロセス一覧を表示します。以下のキーを入力することでプロセスの表示順を変更できます。

- M (shift+m)：メモリ使用率順
- P (shift+p)：CPU 使用率順
- T (shift+t)：実行時間順
- N (shift+n)：プロセス ID 順

②プロセス ID (PID) を確認します。

③ ps コマンドを使って、そのプロセスのコマンド名を調べます。

実習 7-7

　df コマンドを用いて調べます。ハードディスク使用量は df -h、i ノード使用量は df -i を用います。

実習 7-8

①図 7-47 のスクリプトファイルを作成します。

② crontab -e を実行し、図 7-46 の daily.sh の行を記述します。

```
$ crontab -e
```

実習 7-9

1. /var/log/dnf.log を確認します。

2. last コマンドを使って確認します。

＜共通編＞

⑧

トラブルシューティング

8.1. 利用者としてのトラブルシューティング

8.1.1. インターネットがつながらない？

「インターネットがつながらない」と言われたときに、どういうことが起こっていると想像しますか？好意的に受け取ると、PCやスマートフォンがネットワークに接続できないことや、特定のURLにWebブラウザでアクセスができないことを言おうとしていると思われます。ただ字面通りに受け取ると、インターネットが通信不能になり、世界中で大惨事が起こっていると想像してしまいます。トラブルが発生した時にはそのトラブルの内容を正しい言葉で伝えることが重要です。

8.1.2. 不具合症状の確認

ネットワーク接続に関するトラブルが発生したら、まず自分で何がおかしいのかを調べます。つまり、現在の状況からおかしくなっていることを特定します。

ネットワークを構成するのは、端末、サーバ、ネットワーク機器、ネットワークケーブルなど多岐に渡ります。どこでおかしくなっているかを調べる必要があります。

この不具合箇所を探る作業のことを切り分けといいます。切り分けのために確認する事項として以下のことを調べてみてください。

• どういう症状なのか？
• 自分の端末だけで起こっている問題なのか？
• 持続的なのか、一時的なのか？
• 一時的ならば、再現性はあるか？
• 不具合が起こる前に行ったことは何か？

また状況の確認をするため、コンピュータやネットワーク機器等、関連する機器のログを用いることもできます。7.7節で説明したようにログには起こったエラーの情報が記録されていることがあり、原因の特定に役立ちます。原因が分かれば対処方法を考えて、復旧作業が行えます。

8.1.3. まず確認すること

　ネットワーク接続がうまくいかないときに最初に確認することがあります。家電製品のマニュアルに記載されているようなことですが、

- （コンピュータやネットワーク機器の）電源は抜けていませんか？
- ネットワークケーブルはつながっていますか？ あるいは Wi-Fi の接続はできていますか？

については、押さえておきましょう。また特定の Web サーバにアクセスできないときは

- アクセス先の URL を間違えていませんか？
- パスワードを打ち間違えていませんか？

といった点が起こりやすい原因です。

　次に自分でできる範囲で症状を確認しましょう。

- 他の URL につながるか？
- 他に動かないアプリがあるか？
- 端末は正常に動作しているか？
- 別の端末からのアクセスはできるか？
- Wi-Fi アクセスポイントやブロードバンドルータの動作は正常か？

といったことは確認すべきポイントです。また簡単な対処として

- 時間をおいて再度アクセスしてみる
- （コンピュータやネットワーク機器を）再起動してみる

といったことを試してみましょう。

8.1.4. 端末のトラブル

　PC やスマートフォンなどの端末で起こりやすいトラブルとしては以下のようなものがあります。

- 接続設定のエラー
- 機内モードになっている
  - ・通信制限がかかっている
  - ・回線契約上、接続できなくなっている

- 接続環境が悪い
  - ・モバイル通信や Wi-Fi の圏外にいる
  - ・ネットワークへのアクセスが集中している
  - ・悪天候で電波が届かなくなっている
- IP アドレスを未取得
  - ・DHCP サーバにアクセスできず、自己割り当て IP アドレスが付与されている
- トラブル発生後の復旧漏れ
  - ・停電後の復旧順序があやまっていた
- ハードウェアの問題
  - ・端末が過負荷になっている
  - ・電源が切れている
  - ・ケーブルが断線している

それぞれ対処方法は異なりますが、原因が特定できれば適切な対処を行うことにより復旧ができます。

8.1.5. サーバのトラブル

特定のサーバへのアクセスができない場合は、サーバの問題の可能性があります。
- アクセス集中
- 定期メンテナンス中のアクセス

により、一時的にアクセスできない状態になっているときは、時間をおいてアクセスすると問題なく接続できます。

8.1.6. Wi-Fi 接続のトラブル

端末を Wi-Fi 接続しようとしてうまく接続ができない場合、以下のような原因が想定されます。
- 電波強度の問題
  - ・アクセスポイントまでの距離が遠い
  - ・アクセスポイントとの間に遮蔽物がある

・Wi-Fi にチャネルノイズがのっている
　・近くで電子レンジが動作している
　・同じチャネルを他のアクセスポイントが使用している
● アクセス数超過
　・アクセスポイントが収容できる端末数を超えてアクセスされている
● 接続先、接続方法の間違い
　・SSID、接続パスワードが間違っている
　・公衆無線 LAN の場合、Wi-Fi 接続後の認証に失敗している

8.1.7. 家庭内での切り分け

　例えば、家庭内でネットワークの不具合が起こった場合、以下のような手順で切り分け作業ができます。原因究明のため、うまくいっている箇所、うまくいかない箇所を、通信レイヤ（層）毎に、1 つずつ切り分けていきます。図 8-1 のようなネットワーク構成を考えます。

① レイヤ 1（物理層）での確認
　● 電源、LAN ケーブルが接続されているか
　● 途中利用する機器（Wi-Fi アクセスポイント、ホームゲートウェイ（HGW））の電源が入っているか
② レイヤ 2 での確認（データリンク層）
　● NIC（Network Interface Card）がリンクアップしているか
　● Wi-Fi アクセスポイントに接続されているか

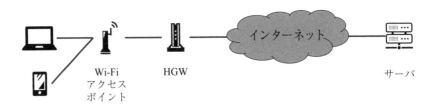

端末

〔図 8-1〕ネットワークアクセスモデル

③レイヤ3（ネットワーク層）での確認
- IPアドレスが取得できているか
- デフォルトゲートウェイ（HGW）に接続できるか、外部サイトに接続できるか

④レイヤ7（アプリケーション層）での確認
- 外部サイトに接続できるか
- DNSが引けているか
- 時計があっているか（時計が合っていないとうまく接続できないケースがあります）

　まず①の確認には、機器のLEDランプが点灯しているかを確認します。②はPCやスマートフォンの設定からネットワーク接続の項目を確認します。例えば、Windowsでは、「コントロールパネル」から「ネットワークとインターネット」を開き、「ネットワーク接続」を確認すると、うまく接続できていない場合は「接続されていません」といった表示がされます。その場合はネットワーク接続の設定を見直したり、機器構成を確認したりしましょう。③は同じく設定画面からネットワーク接続の状態を確認します。またコマンドラインからネットワーク関連コマンドを入力しても状態を確認できます。例えば、「ifconfig（Windowsの場合は、ipconfig）」はNICに設定された情報を確認できるので、設定されているIPアドレスやネットマスクの値、デフォルトゲートウェイの情報を確認しましょう。また、「ping」コマンドを用いて、HGWなどの近傍の機器との接続状態を確認したり、インターネット経由で接続したいサーバにパケットが到達するかを確認したりことができます。④では、目的のサーバ以外のサーバへのWebアクセスを確認したり、「nslookup」や「dig」といったコマンドを用いてDNSが引けているか（名前解決ができているか）を確認したりします。コンピュータの時計があっていなくて接続できない例としては、サーバ証明書やCookie、Cacheの有効期限がずれてしまう、Active Directory環境でのKerberos認証が時刻情報を用いるため接続できないといった事象があります。普段からNTPを利用して時計合わせをしておくとよいでしょう。

8.2. サーバ管理者としてのトラブルシューティング
8.2.1. サーバのトラブル

　サーバ機器もコンピュータなので、利用者の立場でのトラブルシューティングも実施しますが、利用者にサービスを提供している観点から、利用者から申告される以下のようなトラブルに対処する必要があります。

- サーバにつながらない
- ログインできない
- サービスが動かない
- プログラムが使えない
- ファイルが見つからない
- よくわからない

　「サーバにつながらない」に対しては、利用者に利用状況を確認してもらった上で、ネットワークやハードウェア、ソフトウェアの設定を見直します。サーバのリソース不足が生じているかもしれません。「ログインができない」場合は、利用者のパスワード忘れの可能性が高いので、利用者に再試行してもらったり、パスワードのリセットを行ったりする対処をします。「サービスが使えない」場合は、提供しているサーバ、例えばWebサーバやFTPサーバなどのログを確認し、状況に応じてサービスを再起動します。特定の利用者だけにトラブルが起こっている場合は、その利用者のアクセス権限の確認も必要です。サーバ上で「プログラムが使えない」といった事象は、利用者のパス設定やインストール漏れなども原因になります。「ファイルが見つからない」といった事象には、利用者の操作ミスやアクセス権限の問題が想定されるため、ログを確認したり、利用者にヒアリングをしたりして、状況を確認するところから対処を始めるのがよいでしょう。「よくわからない」という申告には対処しようがありませんが、利用者の使用状況をよくヒアリングして、問題の原因を探ることになります。

8.2.2. サーバの管理

　サーバ機器は、普段から管理を徹底することでトラブルを最小に抑えます。サーバ機器はデータセンタやサーバルーム等、簡単には部外者がアクセスできない場所に設置します。モニタやキーボードが接続されていない状態で運用されることも一般的です。管理上の操作は、遠隔地からリモートアクセスして実行します。コマンドラインで様々な情報を確認することに慣れておきましょう。

　サーバの管理項目としては以下のようなものがあります。

- ネットワーク管理：ネットワークの構成情報（IP アドレス、ポート接続情報、回線情報等）を管理し、運用状況を把握します。セキュリティに関する対策も実施します。障害発生を未然に防ぐように対処を行います。

- サービス管理：サーバが提供しているサービスの利用状況や稼働状況を管理します。またユーザの要望に合わせて新サービスの導入などを検討します。

- ユーザ管理：サーバのユーザアカウントに関する管理を行います。ユーザの追加、削除、設定変更などを行います。サービスごとに必要な権限設定も含まれます。

- システム管理：サーバ機器のシステム運用に関する管理を行います。CPU 使用率やメモリ使用量、ハードディスク使用量などのリソースの管理やデータの保全に関する定期作業も行います。システム全体のバックアップやさまざまなログの管理も重要な作業です。

参考文献

[1] 田中清, 本郷健, "コンピュータの基礎 第 3 版," ムイスリ出版, 2021

[2] Claude E. Shannon, "A Mathematical Theory of Communication," Bell System Technical Journal, Vol.27, No.4, pp.623–666, 1948

[3] 一般社団法人 日本ネットワークインフォメーションセンター (JPNIC), "インターネット用語 1 分解説," https://www.nic.ad.jp/ja/basics/terms/, 2021

[4] 一般社団法人 情報通信技術委員会 (TTC), "情報通信分野における標準化活動のための標準化教育テキスト," https://www.ttc.or.jp/publications/sdt_text, 2021

[5] Kevin Washburn, Jim Evans (著), 油井尊 (訳), "TCP/IP バイブル," ソフトバンク株式会社, 1994

[6] 株式会社日本レジストリサービス (JPRS), "JP ドメイン名の種類," https://jprs.jp/about/jp-dom/, 2021

[7] "Network Time Protocol Version 4: Protocol and Algorithms Specification," IETF RFC5905, 2010

[8] 総務省, "安心してインターネットを使うために 国民のための情報セキュリティサイト," https://www.soumu.go.jp/main_sosiki/joho_tsusin/security/index.html, 2021

[9] "UUCP Mail Interchange Format Standard," IETF RFC976, 1986

[10] "Simple Mail Transfer Protocol," IETF RFC5321, 2008

[11] "Post Office Protocol - Version 3," IETF RFC1939, 1996

[12] "Internet Message Access Protocol (IMAP) - Version 4rev2," IETF RFC9051, 2021

[13] "Internet Message Format," IETF RFC5322, 2008

[14] "Multipurpose Internet Mail Extensions (MIME) Part One: Format of Internet Message Bodies," IETF RFC5322, 1996

[15] "Hypertext Transfer Protocol (HTTP/1.1): Semantics and Content," IETF RFC7231, 2014

[16] "HTTP Over TLS," IETF RFC2818, 2000

[17] "The Transport Layer Security (TLS) Protocol Version 1.1," IETF RFC4346, 2006

[18] "HTML5: A vocabulary and associated APIs for HTML and XHTML," W3C Recommendation, 2014

[19] "Real-Time Streaming Protocol Version 2.0," IETF RFC7826, 2016

[20] "RTP: A Transport Protocol for Real-Time Applications," IETF RFC3550, 2003

[21] "Information technology - Dynamic adaptive streaming over HTTP (DASH) - Part 1: Media presentation description and segment formats," ISO/IEC 23009-1:2019, 2019

[22] "Requirements for the support of IPTV services," Rec. ITU-T Y.1901, 2009

[23] "Information technology - High efficiency coding and media delivery in heterogeneous environments - Part 1: MPEG media transport (MMT)," ISO/IEC 23008-1:2017, 2017

[24] "Synchronized Multimedia Integration Language (SMIL 3.0)," W3C Recommendation, 2008

[25] "The Secure Shell (SSH) Protocol Architecture," IETF RFC4251, 2006

[26] "HTTP Extensions for Web Distributed Authoring and Versioning (WebDAV)," IETF RFC4918, 2007

[27] "File Transfer Protocol (FTP)," IETF RFC959, 1985

[28] "The Secure Shell (SSH) Transport Layer Protocol," IETF RFC4253, 2006

[29] "The Secure Shell (SSH) Authentication Protocol," IETF RFC4252, 2006

[30] "The Secure Shell (SSH) Connection Protocol," IETF RFC4254, 2006

[31] Matt Welsh, Lar Kaufman（小島隆一 訳, 山崎康宏 技術監修）, "RUNNING LINUX 導入からネットワーク構築まで," オライリー・ジャパン, 1996

[32] 総務省, "令和 3 年版 情報通信白書," 2021

[33] Oracle, "Oracle VM VirtualBox," https://www.oracle.com/jp/

virtualization/virtualbox/, 2021

[34] (新井利幸 監訳), "UNIX in a Nutshell: A Desktop Quick Reference for Berkley," HBJ 出版 , 1993

[35] 久野禎子 , 久野靖 , "UNIX の環境設定 ," アスキー出版局 , 1993

[36] サーバ構築研究会 , "CentOS8 で作るネットワークサーバ構築ガイド ," 秀和システム , 2020

[37] 松田晃一 , 暦本純一 , "入門 X Window," アスキー出版局 , 1993

[38] 村井純 , 砂原秀樹 , 横手靖彦 , "UNIX ワークステーション I ＜基礎技術編 >," アスキー出版局 , 1987

[39] 総務省 , "平成 24 年版 情報通信白書 ," 2012

索引

■ 著者紹介 ■

田中 清（たなか きよし）

大妻女子大学 社会情報学部・准教授

大阪大学 工学部 通信工学科を卒業、大阪大学大学院 工学研究科 通信工学専攻 博士前期課程を修了し、日本電信電話株式会社に入社。NTT 研究所にて、ビデオオンデマンドシステム、デジタルサイネージシステムをはじめとする映像システムの研究開発に従事する傍ら、社内ネットワーク管理にも貢献。2010 年から ITU-T SG16、W3C を中心に国際標準化にも寄与。NTT サービスエボリューション研究所・主幹研究員を経て、2020 年 4 月より大妻女子大学 社会情報学部・准教授。大阪大学 博士（工学）。画像電子学会、電子情報通信学会、ヒューマンインタフェース学会、ACM、IEEE 各会員。

浦田 昌和（うらた まさかず）

NTT 人間情報研究所・研究主任

大阪府立大学 工学部 電子工学科を卒業。大阪府立大学大学院 工学研究科 博士前期課程 電子工学専攻を修了し、日本電信電話株式会社に入社。NTT 研究所にて、社内 VAN システムの開発、リアルタイム OS および IC カードに関する技術動向調査、電子政府・自治体システムの開発、IC カードの開発、研究開発用クラウド基盤の設計・構築・運用に従事。第 1 級陸上無線技術士。

エンジニア入門シリーズ

IT知識ゼロからはじめる
情報ネットワーク管理・サーバ構築入門

2022年3月24日　初版発行

著　者　　田中 清・浦田 昌和　　　　　　　　　　©2022

発行者　　松塚 晃医
発行所　　科学情報出版株式会社
　　　　　〒300-2622　茨城県つくば市要443-14 研究学園
　　　　　電話　029-877-0022
　　　　　http://www.it-book.co.jp/

ISBN 978-4-910558-09-7　C3055
※転写・転載・電子化は厳禁